成功的
世界里，
眼泪不会说谎

成功的世界里，眼泪不会说谎

每一份成功都需要苦痛的磨砺，
那些年，我们咬牙走过的时光，
唯有眼泪，没有对我们任何人说谎。
脚，一步一步在走……
泪，一滴一滴在流……
纵然苦痛，但转瞬就是黎明！

李晓晶 / 著

成功的
世界里，
眼泪不会说谎

企业管理出版社
ENTERPRISE MANAGEMENT PUBLISHING HOUSE

图书在版编目（CIP）数据

成功的世界里，眼泪不会说谎 / 李晓晶著 . -- 北京：企业管理出版社，2016.3
ISBN 978-7-5164-1206-0

Ⅰ . ①成… Ⅱ . ①李… Ⅲ . ①成功心理 – 通俗读物 Ⅳ . ① B848.4-49

中国版本图书馆 CIP 数据核字 (2016) 第 020805 号

书　　名：	成功的世界里，眼泪不会说谎
作　　者：	李晓晶
责任编辑：	徐金凤　田　天
书　　号：	ISBN 978-7-5164-1206-0
出版发行：	企业管理出版社
地　　址：	北京市海淀区紫竹院南路 17 号　　邮编：100048
网　　址：	http://www.emph.cn
电　　话：	总编室（010）68701719　发行部（010）68701816　编辑部（010）68701638
电子邮箱：	80147@sina.com
印　　刷：	北京鹏润伟业印刷有限公司
经　　销：	新华书店
规　　格：	170 毫米 ×240 毫米　　16 开本　　16.5 印张　　220 千字
版　　次：	2016 年 3 月第 1 版　　2016 年 3 月第 1 次印刷
定　　价：	38.00 元

版权所有　翻印必究　·　印装有误　负责调换

前　言

在每个人的成长过程中，都会有欢笑，有眼泪，它们见证了我们缤纷多彩的青春，成为我们心底里最美的回忆。在大学之前的青春之路，对我们而言可能是充满欢笑的，美好的。在步入社会之后，一切就可能变得残酷与陌生，这个时候，眼泪就会成为我们生活中的"主题曲"，我们无须反感，更无须逃避，因为欢笑是种享受，眼泪造就成长。

在这个世界上，每个人都有属于自己的梦想。有的人梦想成为像爱迪生那样的发明家，有的人梦想成为像玛丽莲·梦露那样备受瞩目的明星，有的人则梦想成为理发师、修鞋匠……但无论梦想是大是小，是尊贵还是卑微，它都是每个人心中最崇高的向往。

梦想就像一粒种子，一旦种在我们"心"的土壤里，我们就会期盼它可以生根发芽，开花结果。但是，在梦想的道路上，并没有我们想象中那样一帆风顺，它会遇到无数的挫折和失败，这个时候，我们千万不要为此而落泪、为此而认输，要告诉自己：挫折与失败只是为了考验自己，只要自己能够坚定信念，努力拼搏，就一定会实现自己的人生梦想。

人生悲喜交加、得失无常。有很多事情，并不在我们的掌控之中。我们会落泪，也许是有些艰难困苦使我们无能为力，也许是经历荆棘坎坷之后带来的喜极而泣，但无论是什么，眼泪一滴一滴，现实一步一步，都在见证我们的成长与蜕变。我们能成长为如今的模样，都要感谢曾经流过的眼泪，因为，只有这些真切的眼泪不会对我们说谎。

本书通过多角度论述"流泪"对于成长以及成功的意义。人生有苦也有甜，苦痛是一种磨砺，我们曾经为苦痛肆意流下的泪水，见证着我们的成长。若有一天，我们站到了高处，实现了心中所想，拥抱到梦寐以求的成功，那么都要感谢这些掉下的眼泪，它们是如此地深刻，从未向任何人说谎！

笔者
2016年5月

目 录

第一章 梦想，是每个人生命中的阳光

别忘了，给自己一个梦想 /2

人生在世，就该为梦拼搏 /6

梦想的实现，仰赖勤奋的付出 /10

跨过阻碍，成就梦想 /14

携带梦想，一路前行 /18

别做说大话的"空想家" /22

追求梦想，要脚踏实地 /27

努力读书，成就梦想 /31

摆脱借口，不断进取 /35

第二章 "苦痛"的碎石，是通往成功的路

克服困难，成就辉煌人生 /40

挫折是成功的垫脚石 /44

成功永远都不会同情弱者 /48

用乐观精神支配自己的人生 /53

屡败屡战，跌倒后再爬起来 /57

笑看失败，大不了从头再来 /61

不经历风雨，怎么见彩虹 /65

接受现实，奋勇前行 /69

第三章 失败不可怕，再站起来就是成功

扼住命运的喉咙 /74

要顶得住失败，扛得起人生 /78

在失败面前，多一分坚持 /82

从失败中找到适合自己的路 /85

请不要惧怕失败 /88

失败是成功之母 /91

不要给失败找借口 /95

逃避失败必错过成功 /99

失败，是为了下一次成功 /103

第四章 敢于选择，学会放弃

选择适合自己的人生方向 /108

放下固执，选择变通 /112

选择吃点亏，得到福报 /115

选择低头，才能抬高身价 /119

选择看淡得失，才能活得洒脱 /122

学会放弃，让人生变得更有价值 /125

人生总是有舍才有得　/128
拿得起，就该放得下　/132
放弃也是一种生存智慧　/136
适当放弃，生活才会更美好　/140

第五章　把握自己，好心态造就好未来

要永远保持锐意进取的豪情　/146
自信才能成就大事业　/150
要时刻保持积极的抗压心态　/154
成功需要一颗积极的心　/157
乐观是希望的种子　/161
你要自己寻找快乐　/166
点燃热情，过精彩人生　/171
摒弃抱怨，学会积极　/175
用积极的态度面对生活　/179

第六章　拿出勇气，成功要从险中求

做敢吃"螃蟹"第一人　/184
风险和成功是相伴而行的　/187
风险有多大，机会有多大　/190
想成功，就要敢想敢干　/195
迈出"第一步"就是成功　/199
冒险，是生命的另一次重生　/203
勇猛者，才是最终赢家　/207
敢于挑战，做生命的主人　/211

第七章 想成功，就再坚持一分钟

　　认准自己的路，坚定不移走下去　/216
　　坚持一下，成功就在下一秒　/220
　　坚持，坚持，再坚持　/224
　　坚定自己的方向，莫管他人眼光　/229
　　凡事都要学会持之以恒　/233
　　坚持下去，希望在自己手里　/236
　　成功不会抛弃选择坚持的人　/240
　　耐心追逐，才能品尝成功之果　/244
　　成功从坚定信念开始　/249

第一章
梦想，是每个人生命中的阳光

从古至今，无数的人们在酸甜苦辣中编织着梦想。在黑夜，梦想是时暗时明的火光，带给人们忽远忽近的希望。它漂浮在想象和期待之中，是人们心中孜孜不倦的追求。因为有梦想的存在，人的生命中才会有源源不断的能量。

别忘了，给自己一个梦想

"梦想"，这个词汇其实每个人都不陌生。在这世上，每个人都有自己的梦想，只不过每个梦想实现的难度不同罢了。梦想对我们而言有着十分重要的意义，因为有了它的存在，我们的生活才变得更加丰富多彩，我们的人生才变得更有价值、更有意义。

人类所具有的种种力量中，最神奇的莫过于梦想的力量。如果我们相信明天会更好，就不会计较今天正经受的痛苦。有伟大梦想的人，即使前面有铜墙铁壁，也不能挡住他前进的脚步。一个人树立一个什么样的梦想，就会相应地成长为一个什么样的人。尤其是青少年，他们就如一张白纸，一个美丽的梦想将深深地印在他们心中，甚至会改变他们的一生。

小男孩的父亲是位马术师，他从小就跟着父亲东奔西跑，一个马厩接着一个马厩，一个农场接着一个农场地去训练马匹。由于经常四处奔波，男孩的求学过程并不顺利。

初中时，有次老师叫全班同学写作文，题目是"长大后的志愿"。

那晚他洋洋洒洒写了7张纸，描述他的伟大志愿，那就是想拥有一座属于自己的牧马农场，并且仔细画了一张200亩农场的设计图，上面标有马厩、跑道等的位置，然后在这一大片农场中央，还要建造一栋占地4000平方英尺（1英尺=0.3048米）的巨宅。

他花了好大心血把作文完成，第二天交给了老师。两天后他拿回了作文，上面打了一个又红又大的F，旁边还写了一行字：下课后来见我。

脑中充满幻想的他下课后带了作文去找老师："为什么给我不及格？"

老师回答道："你年纪轻轻，不要老做白日梦。你没钱，没家庭背景，什么都没有。盖座农场可是个花钱的大工程，你要花钱买地，花钱买纯种马匹，花钱照顾它们。"他接着又说："如果你肯重写一个不太离谱的志愿，我会给你打你想要的分数。"

这男孩回家后反复思量了好几次，然后征求父亲的意见。父亲只是告诉他："儿子，这是非常重要的决定，你必须自己拿定主意。"

再三考虑几天后，他决定原稿交回，一个字都不改，他告诉老师："即使拿个F，我也不愿放弃梦想。"

20多年以后，这位老师带领他的30个学生来到那个曾被他指责的男孩的农场露营一星期。离开之前，他对如今已是农场主的男孩说："说来有些惭愧。你读初中时，我曾泼过你冷水。这些年来，也对不少学生说过相同的话，幸亏你有这个毅力坚持自己的目标。"

成功人士比你富一千倍，就能说明他们比你聪明一千倍吗？绝对不是。关键在于他们确立了人生目标。其实一个个小目标聚合起来就是一个伟大的梦想啊！

人生因为有梦想才会变得绚丽多彩，人生有梦想才会充满活力与能量。没有梦想的人生就如同没有航向的船，永远也到达不了目的地。所以，我们应该有自己的梦想，尽管它现在看来是那么地不切实际，但是当我们写下它并真正去做的时候，就会发生一件不可思议的事情。我们会被自己的梦想所感动，会被自己的梦想所鼓舞，并由此找到雄心和壮志、信心和动力。

在美国加州，一个叫做罗伯特·舒尔的孩子在日记本上写下这样一段话："我要建造一座伊甸园。"

1908年，舒尔成为了一名博士，他把自己心中的伊甸园画了下来：那是一座水晶的大教堂，但建造这座教堂至少要花费700万美元。

但是，他仍为自己的梦想而努力，连日来奔波于大街小巷，在各地做着不同的讲座。

第60天，第65天，第90天……无数人被他的执着所感动，纷纷捐款。1920年9月，历时12年，这座人间的伊甸园建成。

从此，游人络绎不绝，舒尔一举成名，这也成为他一生的荣耀。

这就是一个梦想的奇迹。

700万美元对于20世纪一二十年代的人来说是多么巨大的数字，想凑齐这么多钱，可以说是不可能的，然而舒尔却用自己的执着创造了一个奇迹。只因为他有一个梦想，那就是用自己的能力"建造一座伊甸园"。

——摘自《一个关于梦想的故事》

梦想是一盏明灯，照亮众人的生命；梦想是一个路牌，指明前行的方向；梦想是一方罗盘，导引人生的目标。

其实，这所谓的目标就是我们所追求的梦想，荣耀在梦想之后。有了梦想，才能在这条道路上不断反省自我，看清自己，找到一种淡定的起点；失去了梦想，我们就会失去方向，失去荣耀。所以，我们必须有自己的梦想。

有了梦想，我们能获得坚定的信念和超人的勇气，继续为自己的人生而奋斗。有了梦想，我们会有希望，会激发出内在的潜能，会不断去努力,以求得光明的前途。不过,仅有梦想是不够的,有梦想的同时,还须有实现梦想的顽强毅力和决心。徒有梦想,而不付诸行动,梦想便一无是处。只有辅之以艰苦的劳作、不断的努力,梦想才有巨大的价值。

像其他能力一样,梦想也可能被滥用或误用。如果一个人整天耽于梦想,把自己全部的生命力,花费在建造虚幻的空中楼阁上,那就会徒劳地耗费固有的天赋与才能。有了梦想以后,只有付出不懈的努力,才能够让梦想变为现实。

人生在世，就该为梦拼搏

有句话说得好：少壮不努力，老大徒伤悲。这句话告诉我们一个道理：趁着自己年轻的时候，一定要努力去拼搏。试想一下，一个人如果在年轻的时候就放弃了自己的志向，碌碌无为地度过一生，那该是一件多么可惜、多么可悲的事情。因为当自己白发苍苍时，即使有再多的后悔，也只能徒留悲伤。

在现代社会中，可以说每个人心中都有自己的梦想，只不过，有的人真的只是做做梦、想一想，然后也就仅此而已，所谓的梦想就真的成了空想，再没有实现的可能了。这样的人，当他年老之后，留下的只有悲伤和悔恨。但有的人，为了理想不断地努力奋斗，孜孜以求，最终向世人证明了自己存在的价值。他们的一生，也因此变得充实而多彩。

玫琳凯原本只是一个普普通通的名字，其能够作为世界知名的化妆品品牌而家喻户晓，最初只是源于一个平凡女人不平凡的梦想。没有玫瑰、没有香槟、没有衣香鬓影，更没有豪情万丈，一切都只是开始于一位美国女人生活中最实际、最琐碎的地方。玫琳凯在1963年创立了自己的公司，这个梦想的藤蔓牵动了世界上无数女人的心。

玫琳凯的创始人玫琳凯·艾施女士的事业开始于一般人认为应该结束的时候，那一年她已经45岁。因为不满严重的性别歧视，她毅然决定退休。坐在厨房的餐桌旁，回想起25年来工作中的种种经历和感受，玫琳凯·艾施决定写下多年来她作为杰出的直销员生活的种种经历，把工作中那些美好的事情和所遇到的问题都列出来。看着自己手中罗列出的清单，玫琳凯·艾施心里不知不觉产生了一个梦想——去创立一个"梦想公司"，给所有的女性提供无限的机会，帮助更多的女性实现她们的梦想。1963年9月13日，刚刚失去丈夫的玫琳凯·艾施在儿子理查德·罗杰斯和9名美容顾问的帮助下正式建立了玫琳凯化妆品公司，从此开始了梦想之旅。

公司刚开张的时候，玫琳凯·艾施就制订了公司里的黄金法则：你要别人怎样对待你，你也要怎样对待别人！她大力倡导"信念第一、家庭第二、事业第三"的生活优先次序，用"你能做到"的精神来激励其他女性加入到自己的事业中来。在玫琳凯·艾施的人力倡导下，玫琳凯公司所奉行的黄金法则及生活优先次序的指导哲学和市场理念随着她和她的170多万名美容顾问的身影迅速传遍全世界。玫琳凯·艾施改革了传统的化妆品销售方式，从培养自己的美容顾问开始，为消费者提供面对面的专业美容和皮肤保养指导。

成立玫琳凯化妆品公司，让玫琳凯·艾施感受到了之前工作中从未得到过的经济独立、个人发展和个人成就。在公司成立后的46年中，玫琳凯·艾施凭着自己坚定的决心、努力的工作以及无私奉献的精神，将公司从一家小型的直销公司发展成为业务遍布世界47个国家及地区、年营业额达45亿美元的大型化妆品跨国企业集团，并在全球拥有一支170多万人的美容顾问队伍和无数名忠实顾客。玫琳凯·艾施的成就不仅仅是自己事业上的壮大，更重要的是为千千万万的女性同胞赢来了自尊和自信，将其个人梦想的实现变成了美国商业史中最成功的故事之一。

每个人的心中都怀揣着一个美好的梦想，他们都有为实现梦想而努力的决心。随着时光的流逝，当我们衰老后，回忆走过的人生，它不会是一杯淡而无味的白开水。梦想可以让我们不断审视自己，校正努力的方向。每个人都在追求幸福，找寻快乐。幸福是什么？幸福就是快乐地生活着，做自己喜欢的事，爱自己想爱的人，过自己想要的生活。只要不断地努力奋斗，就不会被成功拒之门外，只要努力，再大的困难都能战胜。

在美国的一间办公室里，年轻导演泰伦斯·马利克一边喝着咖啡，一边紧张地看着对面正在看剧本的投资人。为了能够为自己的新影片《天堂之日》筹集到足够的资金，泰伦斯·马利克已经劝说了这位投资人很长一段时间。

投资人不慌不忙地翻看着剧本，而在一旁焦急等待着的泰伦斯·马利克的心脏早就快跳到嗓子眼儿了。时间像一只懒散的蜗牛一样爬得非常慢，窗外叽叽喳喳的小鸟更是让人心烦不已。

就在这时，投资人忽然放下了手中的剧本，泰伦斯·马利克连忙放下手中的咖啡，向前倾了倾身体，等待着对方的意见。"您的剧本不错，可是您知道做电影投资，首先要考虑即将拍摄出来的电影能不能够赚钱。恕我直言，您这个剧本恐怕很难有太好的票房，因为它不是现在最流行的题材。"说着，投资人顿了顿，然后继续说道："虽然您拍了几部电影，可是要让我把这一大笔钱交给你这样的年轻人去拍电影，我还是难以放心。"

投资人说完，没有给泰伦斯·马利克继续劝说的时间，非常干脆地将他请出了办公室。泰伦斯·马利克拿着剧本离开了投资人的办公室之后，神情非常沮丧。他已经找了很多投资商，可是全都遭到了无情的拒绝，泰伦斯·马利克感觉自己快支撑不下去了。黯然走在街上的他突然狠狠地将剧本摔在地上，仰起头，发出了一声无奈的叹息。

屋漏偏逢连雨夜，泰伦斯·马利克没想到就连一向非常支持自己的好朋友也不同意自己拍摄这个电影。为了让泰伦斯·马利克打消这个念头，好朋友专门开着车从另一个城市赶到了泰伦斯·马利克的家。

"你要想清楚，在好莱坞你只不过是一个刚刚崭露头角的小导演，这里只敬重成功者，一旦你这部投资非常大的电影失败了，那么以后就很难再会有人给你投资了。"好朋友苦口婆心地劝着泰伦斯·马利克。

那天夜里，送走了好朋友之后，泰伦斯·马利克独自一个人望着星辰闪烁的夜空长时间地发着呆。一边是投资失败之后的巨大压力，一边是自己极其喜欢的题材，这种两难的选择让他实在难以作出决定。想了大半夜之后，泰伦斯·马利克忽然挥了挥拳头，像是下了非常大的决心。第二天一大早，泰伦斯·马利克又继续四处联络投资人，不断地向他们推荐着自己的电影。这一次，他破釜沉舟，宁愿承担起失败的巨大风险，也要把这部电影拍成功。

功夫不负苦心人，经过不断努力，泰伦斯·马利克终于找来了投资。在随后的拍摄过程中，泰伦斯·马利克付出了巨大的心血。当影片上映之后，立刻引来了一边倒的好评，《天堂之日》的成功给泰伦斯·马利克带来了巨大的声望，他一下子从一个名不见经传的小导演跻身成为好莱坞的一线导演。

——摘自《年轻，就要去拼》

当有人问泰伦斯·马利克当时是怎样应对各方面压力将影片拍摄成功的，泰伦斯·马利克告诉对方："年轻，就要去拼！如果年轻的时候因为害怕失败而裹足不前，那么这一辈子都不会活出自己的精彩！"一直保持着这种斗志和热情的泰伦斯·马利克在后来的岁月里赢得了巨大的成功，之后，他导演的作品《生命之树》获得了第64届戛纳最佳影片金棕榈大奖。

年轻的我们，缺少过人的资历、深厚的背景以及太多的经验，所以我们要想赢得胜利，就必须点燃身体里的热血，一刻不停地去拼搏努力。只要我们敢想敢拼，就能为自己创造更多的机会，为自己的人生拼来转机！

成功的
世界里，
眼泪不会说谎

梦想的实现，仰赖勤奋的付出

不知道大家有没有看过这样一幅引人深思的漫画。画里有一个人在睡觉，脑子里画着一个笼子，里面关着自己。图下方有一句话："懒惰就像一只笼子，关住了知识的仓库，让你一事无成。"这幅画给了我们一个启示，那就是要做一个勤奋的人，只有勤奋才能让梦想得以实现。

古希腊的米南德说："勤奋可以赢得一切。"勤奋是一个人取得杰出成就所必需的前提，任何一个杰出成就都必然与好逸恶劳的懒惰品行无缘。正是辛勤的双手和智慧的大脑使人出众，任何事业追求中的优秀成就都只能通过辛勤的实干取得。如果我们现在不努力一点、勤奋一点，那么未来就会一事无成。

有一首歌唱得很好：不经历风雨，怎能见彩虹，没有人能随随便便成功。毫无疑问，懒惰的人是成不了大事的，因为懒惰的人总是贪图安逸，遇到一点风险就退缩。另外，这些人还缺乏辛勤实干的精神，总想吃天上掉下来的馅饼，从不相信勤奋会有收获。天道酬勤，勤奋是千百年来人们成功的法宝，也是中华民族的传统美德。

不相信命运的乔顿先生是一位成功的企业家，他从一个普普通通的事务所小职员做起，经过多年的奋斗最终拥有了自己的公司。

有一天，乔顿先生从他的办公楼走出来，刚走到街上，就听见身后

第一章
梦想，是每个人生命中的阳光

传来"嗒嗒嗒"的声音，那是盲人用竹竿敲打地面发出的声响。他愣了一下，缓缓地转过身。

盲人感觉到前面有人，连忙打起精神，说道："尊敬的先生，您一定发现我是一个可怜的盲人，能不能占用您一点点时间呢？"

乔顿说："我要去会见一个重要的客户，你要说什么就快说吧。"

盲人在一个包里摸索了半天，掏出一个打火机，放到乔顿的手里，说："先生，这个打火机只卖2美元，这可是最好的打火机啊，你就买下吧。"

乔顿听了，叹口气，把手伸进西服口袋，掏出一张钞票递给盲人："我不抽烟，但我愿意帮助你。这个打火机，我可以送给开车的小伙子。"

盲人用手摸了一下那张钞票，竟然是100美元！他用颤抖的手反复抚摸着，嘴里连连感激着："您是我遇见过的最慷慨的先生！仁慈的富人啊，我为您祈祷！上帝保佑您！"

乔顿笑了笑，正准备走，盲人拉住他，又喋喋不休地说："您不知道，我的眼睛并不是一生下来就瞎的，都是23年前那次事故，太可怕了！"

乔顿先生一震，问道："你是在那次化工厂爆炸中失明的吗？"

盲人仿佛遇见了知音，兴奋得连连点头："您也知道？这也难怪，那次炸死的人就有93个，受伤的人有好几百，可是头条新闻哪！"

盲人想用自己的遭遇打动对方，争取多得到一些钱，他可怜巴巴地说了起来："我真可怜啊！到处流浪，吃了上顿没下顿，死了都没人知道！"他越说越激动，"您不知道当时的情况，火一下子冒了出来！仿佛是从地狱中冒出来的！逃命的人群都挤在一起，我好不容易冲到门口，可一个大个子在我身后大喊：'让我先出去！我还年轻，我不想死！'他把我推倒了，踩着我的身体跑了出去！我失去了知觉，等我醒来，就成了瞎子，命运真不公平呀！"

乔顿先生冷冷地道："事实恐怕不是这样吧？你说反了。"

盲人一惊，用空洞的眼睛呆呆地对着乔顿先生。

乔顿先生一字一顿地说："我当时也在那家化工厂当工人。是你从我的

11

身上踏过去的！你长得比我高大，你说的那句话，我永远都忘不了！"

盲人站了好长时间，突然一把抓住乔顿先生，一阵苦笑："这就是命运啊！不公平的命运！你在里面，现在出人头地了，我跑了出去，却成了一个没有用的盲人！"

乔顿先生用力推开盲人的手，举起了手中一根精致的棕榈手杖，平静地说："你知道吗？我也是一个盲人。你相信命运，可是我不信。"

同样是残疾人，勤劳的人能成就一番事业，而懒惰的人只能以乞讨为生。对于懒惰的人，我们应该让他知道：只要付出努力，一切会变得美好，而这才应该是我们所追求的！

对一个人的生存来说，懒惰是一种堕落的、具有毁灭性的习惯。懒惰、懈怠从来没有留下过好名声，也永远不会留下好名声。懒惰是一种精神上的腐蚀剂，因为懒惰，人们不愿意爬过一个小山岗；因为懒惰，人们不愿意去战胜那些完全可以战胜的困难。因此，对于那些生性懒惰的人来讲是不可能在社会中成为一个成功者的，他们注定永远是失败者。成功只会光顾那些辛勤劳动的人们。懒惰是一种恶劣而卑鄙的精神重负，人们一旦背上了懒惰这个包袱，就只会整天怨天尤人、精神沮丧、无所事事。

一个人在取得成功的整个过程中，一定付出了勤奋而又艰苦的劳动。没有一个成功的人是例外的，没有一个成功的人是不付出艰辛劳动而获得成功的。

少年时的匡衡，非常勤奋好学，他希望自己长大后能成为一名出色的学者，大展宏图，为国家效力，为祖上增光。

可是由于家里很穷，所以他白天必须干许多活，挣钱糊口。只有晚上，他才能坐下来安心读书。可是，他又买不起蜡烛，天一黑，就无法看书了。匡衡心痛这被浪费的时间，内心非常痛苦。

他的邻居很富有，一到晚上好几间屋子都点起蜡烛，把屋子照得通亮。匡衡有一天鼓起勇气，对邻居说："我晚上想读书，可买不起蜡烛，能否借用你们家的一寸之地呢？"邻居一向瞧不起穷人，就恶毒地挖苦说："既然穷得买不起蜡烛，还读什么书呢！"匡衡听后非常气愤，更下定决心，一定要把书读好。

匡衡回到家中，悄悄地在墙上凿了个小洞，邻居家的烛光就从这洞中透了过来。他借着这微弱的光线，如饥似渴地读起书来，渐渐地把家中的书全都读完了。

匡衡读完这些书，深感自己所掌握的知识远远不够，他想继续多看一些书的愿望更加迫切了。

附近有个大户人家，有很多藏书。一天，匡衡卷着铺盖出现在大户人家门前。他对这家主人说："请您收留我，我给您家里干活不要报酬。只是让我阅读您家的全部书籍就可以了。"这家主人被他的精神所感动，答应了他的要求。

匡衡就这样一直勤奋努力地学习，后来他终于实现了梦想，做了汉元帝的丞相，成为西汉时期有名的学者。

——摘自《凿壁偷光》

人生短暂，被"懒惰"的习惯占据，就等于慢性自杀。真正的幸福绝不会光顾那些精神麻木、四体不勤的人们，什么都不做的结果就是一事无成，甚至丧失生存能力。当一个人产生了抛弃懒惰恶习的念头时，同时也获得了最基本的生存能力。

民间有谚语说：勤奋和智慧是一对双胞胎，懒惰和愚蠢也是亲兄弟。在传统思维里，能获得成功的人都是勤奋的人。懒惰其实是人的本性，人的骨子里都有懒惰，只是有些人知道自己要做什么，该做什么，并且有了行动，所以他们相对来说就比较勤快。所以要想成功必须勤奋。

幸福之花是靠辛勤的劳动和汗水来浇灌的，四体不勤的人们，请记住：梦想的实现永远仰赖勤奋的付出。

跨过阻碍，成就梦想

如果说一个人，从小到大都是一帆风顺的，没有任何困难的考验，那么对于这个人来说是最不幸的。并不是说，我们不愿意别人不经困难，不经挫折而成长。事实上，我们是为他平淡的经历感到叹息，试想如果一个人从小到大都没有历经过波折，当有一天在追求梦想的过程中遭遇失败了，经历困难和挑战了，他还会如平时一样吗？

威廉·马修斯说："困难、艰险、考验，在我们走向幸福的人生旅途上碰到的这些障碍，实质上是好事。它们能使我们的肌肉更结实，使我们学会依赖自己。艰难险阻也不是什么坏事，它们能增强我们的力量。"诚如斯言，生活中的挑战会增强我们应对困难的能力，获得经验。

挑战总是在我们能够预料的情况下出现。俗话说：没有一条通向光荣的道路是铺满鲜花的。如果一心只想避免挑战，便会在它突然到来时措手不及。既然挑战总会出现在我们眼前，我们何不做好积极面对的心理准备，乐于接受它，并把它当作人生不可多得的宝贵财富呢？这样的你才显得自信达观。

一个障碍，就是一个新的已知条件，只要愿意，任何一个障碍，都会成为一个超越自我的契机。锲而不舍地挑战，便会克服重重障碍，在无数教训与经验中获得满足，并最终实现人生的梦想。

要知道，在这个世上，任何一个人的成功之路，都不会是一帆风顺的，都难免会走些弯路，难免会遭遇挫折，都要付出汗水。但你一定要坚持自己的梦想，不要被困难打倒，只要你不断努力，善于思考，心中就会激起战胜挫折的勇气，让你走向成功，实现梦想。

在18世纪，有100多名德国青年先后加入驾船横渡大西洋的冒险行列，但是这100多位青年均未生还。当时人们普遍认为，独身横渡大西洋是完全不可能的。

德国有个叫林德曼的精神病学专家，他向世人宣布：他将独身横渡大西洋。理由是，他想用自己做个试验，证明强化信心，对人的心理和肌肉会产生什么样的效果。

林德曼独身出航十几天后，船舱进水，巨浪打断了桅杆。林德曼筋疲力尽，浑身像被撕成碎片一样疼痛，加上长期睡眠不足，开始产生幻觉，肢体渐渐失去感觉，在意识中常常出现死去比活着舒服的念头。但他马上对自己说："懦夫，你想死在大海里吗？不，我一定要战胜死亡之海！"在整个航行的日日夜夜里，他不断地对自己说："我能成功，我一定要成功！""坚持下去，一定要成功"成为控制他意识的唯一意念，从而产生出无限的潜能。

结果被人认为早已葬身鱼腹的林德曼，却奇迹般地到达了大西洋彼岸。

林德曼只身横渡大西洋，给人很大启迪。前100多名先驱者遇难的真正原因既不是船体的翻覆，也不是生理能力到了极限，而是由精神上的绝望导致的勇气和信心的缺失。如果你在追逐梦想的道路上，能够不畏艰难，保持信心和勇气，相信你就能获得成功。

如果你在接受一项新的任务时，张口闭口说："这太难了！我办不到。"当你每说一次，就是给自己一次难以完成的暗示，这样的暗示将"太难了"一遍又一遍深深地刻到自己的潜意识里，你甚至不敢跨出第一步，又怎么会有收获呢。

一个人如果懒于行动，容易退缩，并且在挫折中日益消沉，那迎接的就不是成功，而是失败了。因为他把失败当作终点，并在那里止步不前，最终必将一事无成。

成功并不难，因为我们每个人都有成功的潜力，关键看你有没有迎接挑战、不畏艰难的勇气。如果你不敢去尝试，你便不能激发心中的潜能，便失去了生命赋予自己的精神财富。

所以，无论你是实现某一目标，还是实现最终的梦想，都要敢于接受现实中的挫折。只有当你拥有毫不畏惧的精神，又对自己能力非常自信的时候，你才能激励自己从逆境中爬起来。

西方谚语曾说："成功者都是咬紧牙关让死神都害怕的人。"所以，我们要像成功者那样，咬紧牙关，别松口，别泄气。如果死神都害怕我们咬紧牙关，那么，失败和挫折也就统统不算什么了。

汤姆·莫纳根是达美乐餐馆连锁店的创始人。他开始经商时也并非一帆风顺。

1960年，当生意变得越来越糟糕时，他和哥哥的合作结束了。汤姆承认，"那是一个挫折"。同年，汤姆和新合伙人开了几家比萨饼店，但所有的店都在汤姆名下，新合伙人隐名。不幸的是，新店破产了，汤姆为对方背了一身的债务。在失败的打击下，汤姆并没有倒下，他决定从头开始。

次年，他偿清了债务，还赚了5万美元。好景不长，一场大火又烧毁了他的店。汤姆几近破产，但他并没有放弃。他尽量削减开支，想尽一切办法来弥补火灾造成的损失。

就这样，汤姆又一次开店卖比萨饼了。然而，汤姆的店扩张太快，管理太混乱，资金投放错误，在随后的日子里，汤姆出现了资金短缺，整个达美乐陷入了财政危机。

在接下来的几年里，汤姆吸取教训，缓慢恢复生意，一笔笔偿还债务。在激烈的竞争中，汤姆努力经营着达美乐，他不仅使达美乐生存下来，还可以在半小时内将一个美味的比萨饼送至顾客家中，这使达美乐餐馆享有无可比拟的声誉。

苦心人，天不负，公司最终获得了丰厚利润，他本人也因此而成为美国最富有的企业家之一。

汤姆说："我感觉，实现梦想其实并不难，关键在于遇到困难时，不要放弃，要勇于尝试，只要坚持下去，总有一天，就能够成功。"

在追求梦想的过程中，困难是不可避免的，很多人都被困难绊倒，再也爬不起来。汤姆的经历告诉我们，只要不断去尝试，就一定能跨越通往梦想的沟坎！

所以，我们不要害怕这些困难，只要坚定心中的梦想，不放弃，咬紧牙关向前冲，相信笼罩着我们的黑暗之光终会过去，黎明的曙光一定会到来。

携带梦想，一路前行

胸怀大志并能成功之人，多是能坚守自己梦想的人。在多数情况下，人们为自己设计的目标是一种行动指南，不是最后的定点，你要一直朝着目标走，永不回头。如果你有梦想，并看到了希望，即使不能实现，也还是有其价值的，因为梦想可使你看到许多可能的机会，是别人所未见到的。

1984年，东京国际马拉松邀请赛中，名不见经传的日本选手山田本一出人意料地获得了世界冠军。面对这个矮个子的日本选手，当时很多人质疑他的真实实力。两年后，山田本一再次获得了意大利国际马拉松邀请赛的冠军。

山田本一成功的秘籍何在呢？他在自传中写道："每次比赛前，我都要乘车把比赛的路线仔细地察看一遍，并把沿途比较醒目的标志记下来，比如第一个标志是银行；第二个标志是一棵大树；第三个标志是一座红房子……这样一直记录到赛程的终点。

比赛开始后，我就以百米冲刺的速度奋力地奔向第一个目标，到达第一个目标后，我又以同样的速度向第二个目标冲去。40多公里的赛程，就被我分解成这么几个小目标，轻松地跑完了。起初，我并不懂得这些道理，总把自己的目标定在40多公里外终点线上的那面旗帜上，结果，我只跑了十几公里就疲惫不堪——我被前面那段遥远的路程吓倒了。"

像山田本一那样，努力实现每一个小的目标，就能获得最终的成功。山田本一的方法非常简单形象，就是把大的人生目标分解为各个小的目标，一个台阶一个台阶地走上去，最后就能到达终点。人生的大目标可以按照时间的顺序，分为长期目标、中期目标、短期目标，把实现目标的步骤科学化、合理化。

为自己的人生列出目标清单，首先要搞清楚自己愿意做哪些事情，只有真正喜欢的事情，才能全力为之努力，并不计较自己付出了多少汗水。依照人生目标有条理地制订进度表可以确保按时达到目标。把自己的人生目标按时间段填写在进度表里，每一周的固定日子，都认真地记录下本周的工作进展，检查自己是否完成了本周的目标计划。对工作量的自我考核是为自己制订合理的前进节奏的关键。

如果发现就算自己竭尽全力，还是不能百分之百地完成计划，那就需要及时把计划的工作量减少，只有这样，才能不打击自己的积极性，同时避免长期超负荷运转带来的疲惫感。如果每周都可以提前完成任务，就需要适当地增加工作量，因为高效率的工作也是一种良好的习惯，如果把剩余的时间花费在无意义的事情上，让自己逐渐养成了懒散的习惯，那些原本能一周完成的任务也会变得难以完成。

聪明的人，最初要画出路线来，按照路线从他现在的地方到达他想到的地方。他们会在中途树立许多小目标。对于最近的目标积极地付出努力，因为这可以在比较短的时间内实现。当他们达到这个小目标的时候，觉得有了进步，便感到很高兴，然后休息一会，又鼓起劲来、树起第二目标，向着那里前进。

最后的大目标距离很远，恐怕只能隐约看见。最高的目标当然是模糊的，因为比起低的目标要远得多。人生好像是爬山一样，你首先必须有一种想要达到山顶的强烈欲望。但是如果你只是想一想，只知不满于你现在是站在山谷中，你是不会到达山顶的。你只是悠闲地望着山顶，或是想像着你已经到了那里，那你也绝不可能到达山顶。你必须鼓起劲来，努力奋斗。

"我要从楼梯的最低一级尽力朝上看，看看自己能够看到多高。"这是美国五火湖区的运输大王考尔比在最初进入社会工作时所说的一句话。

他一无所有，而他希望的却是那样高远。他是根据什么来实现自己的愿望的呢？他非常穷困，最初是从纽约一步一步走到克利夫兰，后来在湖滨南密执安铁路公司总经理之下谋了一个书记的职位。

但是工作了一段时间，他觉得这个工作除了忠实地、机械地干之外没有什么发展前途。

他辞了这个工作，另在赫约翰大使的手下谋得一个工作。赫约翰就是后来国务卿兼美国驻英大使。考尔比通过想像力已经看到，如果与前者在一起，不会有什么发展，与后者在一起，则会有很大的前途。

一个人要有眼光才会有进步，但是眼光也必须时时改进。考尔比说："我最初走到克利夫兰来，原是想做一个普通的水手——这是一种青少年追求冒险和浪漫的思想。但结果我没有当水手，而每日每时与一个理想人物相接触（就是赫约翰大使），这也是我的好运气。他便成为我各方面的理想人物了。"

考尔比能够觉悟到假如他同一个小人物相处，绝不能有很大的发展。于是，他选定了一个大人物，然后以这个人为自己心目中的偶像，他选定了赫约翰，便为自己树立了一个理想。同时从这个偶像身上他也看到了自己的未来角色。

不满足是表示你需要更好的东西。你要注意这种标记，因为它可以使你向着理想的方面进行。不要怨天尤人，把你的不幸归咎于别人或外界的环境，由此而发泄你的不满。应当让不满激发你为不好的现状而努力拼搏的热情。

如果你只望着山顶，糊里糊涂地往上爬，不管前进的岩石，那么，你也不会到达山顶。你必须当心你眼前的岩石。你的目的地是山顶，山顶有时清楚，有时模糊，有时完全看不见，但是不管看得见看不见，总可以给你一个最后的目标。你所要时时注意的是眼前的步骤——如何越过石头，如何跳过溪流，如何绕过山脚，如何免得从绝壁滑下去。

　　如果你想要实现自己的梦想，并且一定要成功，那么，你就要始终舒展你的目光，采取持续有效的行动，努力朝前走，不要回头，成功就在不远的前方等着你。

成功的
世界里，
眼泪不会说谎

别做说大话的"空想家"

不管你的梦想多么远大，计划如何美妙，若不付诸于实际行动，梦想只能成为空想。成功始于心动，成于行动。不管在任何时候，实现梦想和得到认可的唯一途径是踏踏实实地去做，而不是空想。

不知道大家有没有听过关于寒号鸟的故事。寒号鸟有一个明确的梦想：拥有一个避寒窝。这个梦想是完全可以实现的，但寒号鸟一直没有付诸行动，最后竟被冻死了，让人觉得可悲。其实人也一样，空有梦想，本来经过付出就有可能顺利实现，却不去实施，那终究只能算是空想。没有人会为我们的理想去付出，除了我们自己，谁也帮不了我们。在行动起来为实现梦想而付出之前，我们的计划和目标同懒惰之人的空想没什么区别。只有行动，才会实现梦想；不去行动，梦想永远是梦。

一年夏天，一个纯朴的乡下小伙子登门拜访年事已高的爱默生。小伙子是一个诗歌爱好者，因仰慕爱默生的大名，故千里迢迢前来寻求文学上的指导。

这位青年诗人虽然出身贫寒，但谈吐优雅，气度不凡。老少两位诗人谈得非常融洽，爱默生非常欣赏他。临走时，青年诗人留下了薄薄的几页诗稿。爱默生读了这几页诗稿后，认定这位乡下小伙子在文学上将会前途

第一章　梦想，是每个人生命中的阳光

无量，决定凭借自己在文学界的影响大力提携他。

爱默生将那些诗稿推荐给文学刊物发表，但反响不大。他希望这位青年诗人继续将自己的作品寄给他。于是，老少两位诗人开始了频繁的书信往来。

青年诗人的信写得长达几页，大谈特谈文学问题，激情洋溢，才思敏捷，表明他的确是个有才华的诗人。爱默生对他的才华大为赞赏，在与友人的交谈中经常提起这位诗人。青年诗人很快就在文坛有了一点小小的名气。

但是，这位青年诗人以后再也没有给爱默生寄来诗稿，信却越写越长，奇思异想层出不穷，言语中开始以著名诗人自居，语气越来越傲慢。

爱默生开始感到不安。凭着对人性的深刻理解，他发现这位年轻人身上出现了一种危险的倾向。

通信一直在继续。爱默生的态度逐渐变得冷淡，成了一个倾听者。

很快，秋天到了。爱默生去信邀请这位青年诗人前来参加一个文学聚会。青年诗人如期而至。在这位老作家的书房里，两人有一番对话：

"你后来为什么不给我寄诗稿了呢？"

"我在写一部长篇史诗。"

"你的抒情诗写得很出色，为什么要中断呢？"

"要成为一个大诗人就必须写长篇史诗，小打小闹是毫无意义的。"

"你认为你以前的那些作品都是小打小闹吗？"

"是的，我是个大诗人，我必须写大作品。"

"也许你是对的。你是个很有才华的人，我希望能尽早读到你的大作品。"

"谢谢，我已经完成了一部，很快就会公之于世。"

文学聚会上，这位被爱默生欣赏的青年诗人大出风头。他逢人便谈他的大作品，虽然谁也没有拜读过他的大作品，即便是他那几首由爱默生推荐发表的小诗也很少有人拜读过，但几乎每个人都认为这位年轻人必将成

23

大器。否则，大作家爱默生能如此欣赏他吗？

转眼间，冬天到了。青年诗人继续给爱默生写信，但从不提起他的大作品。信越写越短，语气也越来越沮丧，直到有一天，他终于在信中承认，长时间以来他什么都没写，以前所谓的大作品根本就是子虚乌有之事，完全是他的空想。

他在信中写道："很久以来我就渴望成为一个大作家，周围所有的人都认为我是个有才华有前途的人，我自己也这么认为。我曾经写过一些诗，并有幸获得了您的赞赏，我深感荣幸。使我深感苦恼的是，自此以后，我再也写不出任何东西了。在现实中，我对自己深感鄙弃，因为我浪费了自己的才华，再也写不出作品了。而在想象中，我是个大诗人，我已经写出了传世之作，已经登上了诗歌的王位。尊贵的阁下，请您原谅我这个狂妄无知的乡下小子……"

从此以后，爱默生再也没有收到这位青年诗人的来信。

——摘自《积极行动，不做"白日梦"》

空想给人带来的最大的副作用就是逃避现实、不思进取。正如故事中的这位青年人，他虽然有一个远大的目标，自身的条件也不错，但他根本就没有考虑过如何才能走向成功，如何才能实现自身的价值。他一心只梦想着成功后的那份辉煌。事实上，当他陷入难以自拔的白日梦的泥潭之中时，原有的才华就已经丧失殆尽了，结果他只能成为一名庸人。

在生活中，"说"梦想的人多，"做"梦想的人少，很少人有进一步的行动，结果，到最后梦想还是梦想。如果，我们不希望自己的梦想落空，那么就该果断行动起来，只有这样，才能越来越接近梦想！

从小到大，马克家里一直都很穷——马克有6个兄弟，3个妹妹，还有别人寄养在他家的一个孩子。虽然马克没有什么钱，家里的东西也都很破旧，但是家里充满了爱和关心。

马克是快乐而有朝气的人。马克知道不管一个人有多穷，他仍然可以拥有自己的梦想。

第一章
梦想，是每个人生命中的阳光

马克的梦想就是运动。他16岁的时候，就能够压扁一只橄榄球，能够以每小时90英里的速度扔出一个快球，并且撞中在球场上移动着的任何一件东西。马克的运气也很好，他的教练是奥利·贾维斯，他不仅相信马克，还教马克怎样相信自己。他让马克知道拥有一个梦想和足够的自信会使自己的生活有怎样的不同。贾维斯教练改变了马克的生活。

马克升入高中的那年夏天，一个朋友推荐他去做一份暑期工。这是一个挣钱的机会——有钱就可以买一辆自行车和新衣服，就意味着他为母亲买一座房子的储蓄的开始。这份夏日的工作对马克来说是极具诱惑力的。

马克意识到如果去做这份工作，自己就必须得放弃暑假的棒球运动，那意味着他必须告诉贾维斯教练自己不能去打球了。马克告诉了教练，他真的像马克预料的一样生气了。"你还有一生的时间可以去工作。"他说，"但是，你练球的日子是有限的。你根本浪费不起。"

马克低着头站在他面前，努力想向他解释，为了那个替自己的妈妈买一座房子和口袋里有钱的梦想，即使让他对马克失望马克认为也是值得的。

"你做这份工作能挣多少钱，孩子？"他问道。

"每小时3.25美元。"马克回答。

"噢，"他问道，"你认为，一个梦想就值一小时3.25美元吗？"

这个问题，简单得不能再简单了，它赤裸裸地摆在马克的面前，他恍然大悟。那年暑假，马克全身心地投入到运动中去。同年，马克被匹兹堡海盗队挑去做队员，并与他们签订了一份价值2万美元的合同。后来，马克在亚利桑那州立大学获得了橄榄球奖学金，使他获得了接受高等教育的机会。马克两次被评为全美最佳后卫。1984年，马克与丹佛的野马队签署了170万美元的合同。马克终于为自己的母亲买了一座房子，他用行动去成就梦想的价值。

——摘自《梦想无价》

梦想在大部分人的字典里，定义接近"念头"这个词，一闪而过，来来去去，所以，拥有梦想很容易，放弃梦想也很容易。这世上没有从未负债累累的富人，却到处是没有赔过一块钱的穷人。容易放弃梦想的人自以为毫发无损，其实他们比较像没有赔过一块钱的穷人。

其实，梦想应该更像一个人对自己一生的"承诺"，必须严肃认真地面对它、实践它。那些整天只知道幻想美梦成真而不去付诸实践的人，是永远也不会取得成功的。只有把梦想和切实的行动有机结合起来，为之付出辛劳和汗水，才有可能成为一个杰出者。

追求梦想，要脚踏实地

即使自身具备的条件再优越，一次也只能脚踏实地地迈一步。但我们身边有好多人总想着一步登天，恨不得第二天一觉醒来，摇身一变成为比尔·盖茨一样的成功人士。他们在做事前先要费尽心思地盘算能不能偷工减料，能不能找到解决问题的小窍门、小技巧，甚至不惜损害他人的利益来达到自己的目的。这些人总以为自己很聪明，可事实证明，越是自作聪明的人，越是"聪明反被聪明误"。

人若有些小聪明是好事，但是我们不应当将所有的希望，将事物的成败都寄予在我们的"小聪明"上，更多的时候，我们需要的是脚踏实地地去做，去努力，而不是依靠投机取巧。

伟大的哲学家柏拉图正和他的学生走在马路上。这名学生是柏拉图的得意弟子之一。他很聪明，总是能在很短的时间之内领会老师的意思；他很有潜力，总是能提出一些具有独特视角的问题；他也很有理想，一直希望自己能够成为像老师一样伟大，甚至比老师还要博学的哲学家。所以他常常自视聪慧，不愿意在学识上多下工夫，自认为聪明能敌过他人的努力。

但是柏拉图认为他还需要生活的历练，还需要更加刻苦。柏拉图曾经语重心长地对这名学生说过一句话："人的生活必须要有伟大理想的指引，但是仅有伟大的理想而不愿意脚踏实地，一步一个脚印地朝着理想奋进，那也就不能称为完美的生活。"

这名学生知道老师是在教导自己要脚踏实地，但他认为自己比别人聪明，总能用一些技巧轻易地解决问题，自己的理想也比别人的更加伟大，所以只要自己想做的，总能轻易地取得成功。

柏拉图也相信这名学生能够做出一番大事业，但是他却只看到大目标而不顾脚下道路的坎坷以及自身的缺点。柏拉图一直想找一个合适的机会让这名学生自己意识到他的这一缺点。一天，柏拉图看到他们前面的不远处有一个很大的土坑，这个土坑周围还有一些杂草，平常人们只要稍加注意就可以绕过这个土坑，但柏拉图知道他的学生在赶路时经常不注意脚下。于是，他指着远处的一个路标对学生说，"这就是我们今天行走的目标，我们两个人今天进行一次行走比赛如何？"学生欣然答应，然后他们就出发了。

学生正值青春年少，他步履轻盈，很快就走到了老师的前面，柏拉图则在后面不紧不慢地跟着。柏拉图看到，学生已经离那个土坑近在咫尺了，他提醒学生："注意脚下的路。"而学生却笑嘻嘻地说："老师，我想您应该提高您的速度了，您难道没看到我比您更接近那个目标了吗？"

他的话音刚落，柏拉图就听到了"啊！"的一声叫喊——学生已经掉进了土坑里，这个土坑虽然没有让人受重伤的危险，但是它却足以使掉下去的人无法独自上来。

学生现在只能在土坑里等着老师过来帮他了，柏拉图走了过来，他并没有急着去拉学生，而是意味深长地说："你现在还能看到前面的路标吗？根据你的判断，你说现在我们谁能更快地到达目的地呢？"

聪明的学生已经完全领会了老师的意思，他满脸羞愧地说："我只顾着远处的目标，却没走好脚下的每一步路，看来还是不如老师呀！"

——摘自《成功却等于1%的天赋加上99%的汗水》

是啊，如果一个人总是眼睛盯着高处，却不愿做好身边的事情，低起步、没有本钱的我们如何抢占先机，与同事、同行相比，如何能挤过那条地位提升的独木桥？只有走好脚下每步路，才能基础扎实，才不会被同事比下去，才能在激烈的竞争中"杀出一条血路来"。

如果我们始终不能改掉眼高手低的坏习惯，那么，在追寻梦想的途中会遭遇挫折，而且我们以后的生活旅程也会布满荆棘。在这世上，任何人都不可能一步登天，实现梦想，只有踏踏实实一步一个脚印地去尝试、去体验，才能让梦想变为现实。

1958年，李嘉诚的长江工业公司在塑胶业异军突起，取得令人瞩目的业绩。李嘉诚也由此获得"塑胶花大王"的美称。也许，他应该在这个行业一心一意闯下去，将这个美称继续发扬光大，争做世界塑胶业的泰斗。李嘉诚却不是这样想的，他心中的蓝图，岂是塑胶花所能概括？生产塑胶花，只是他赚钱的手段，是他基业的原始积累。他的最终目的，是充分展示人生的价值，看看一个人的能量究竟有多大？跑得有多远？

塑胶花的成功，滋长并坚定了他建立伟业的雄心。当然，他也不是草率摈弃塑胶业。在其后10余年间，他的公司在塑胶领域仍处领先地位，为开创新事业积累了数以千万元的资金。李嘉诚不是好高骛远之人，他总是脚踏实地，向既定的目标迈进。他亦不会鲁莽行事，每一个重大举措，都要经过长时期的深思熟虑，周密调查——除非机不待人的非常时期。涉足地产，在他心中孕育有数月之久，并且塑胶花喜人的利润为他的构想奠定了基础。

在今天，香港百亿身家的超级巨富，90%是地产商或兼营地产的商人。可当时并非如此，大富翁分散在金融、航运、地产、贸易、能源、工业等诸多行业，地产商在那些富豪中并不突出——这同时意味着，房地产不是人人看好的行业。李嘉诚以独到的慧眼，洞察到地产的巨大潜质和广阔的前景。

当时，香港工业化进程出人意料地急速发展，物业商喜笑颜开，趁势提租。许多物业商只肯签短期租约，用户续租时，业主又大幅加租。用户苦不堪言，李嘉诚亦然。李嘉诚曾多次构想：我要是有自己的厂房该多好，就用不着受物业商任意摆布。他的构想，经过长时间酝酿，进一步明朗：我为什么不可以做地产商？

1958年，李嘉诚在繁盛的工业区——北角购地兴建一座12层的工业大厦。1960年，他又在新兴工业区——港岛东北角的柴湾兴建工业大厦。两座大厦的面积，共计12万平方英尺。由此可见，经商应该敢想。许多现实和成就便是由梦想开始，经过努力而达成的。梦想可以是基础，可以是动力，引导我们走向成功，但关键是切实而行。

李嘉诚进军地产业的壮举就是源自一个"异想天开"的心愿，由这个心愿所触动，进行踏踏实实的可行性研究，认准地产的广阔前景，毅然挺进。后来的发展，验证了李嘉诚预测的准确性。据官方公布的统计数据，1959年香港拍卖市区土地平均价：工业用地每平方米104.85港元；商厦、写字楼、娱乐场等非工业用地每平方米1668.44港元；住宅用地每平方米164.75港元。地升楼贵，李嘉诚"坐享其利"。他拥有大批物业，储备了大量土地，逐渐成为香港最大的"地主"。

——摘自《脚踏实地创奇功》

荀子说过，"不积跬步，无以至千里；不积小流，无以成江海"。这是非常简单的道理，但又有多少人能一丝不苟地认真领会这一精神并付诸实施呢？

俗话说："心急吃不了热豆腐。"无论做什么事我们都要戒骄戒躁，踏实地走好每一步，让自己的生活有目标、有计划，这样我们的生活才会变得充实，我们离梦想也就越来越近了；相反，如果浮躁、急功近利，就不能集中精力去完成自己的梦想，最后很可能一事无成，一败涂地。

只有脚踏实地才有可能成功，不要畏惧追求成功道路上的坎坷，当我们战胜那些挫折，我们的人生就会变得丰富。梦想再美好，也要我们迈开接近它的步伐。只要我们肯用心、肯努力，一步一步走下去，终会走到梦想的彼岸！

努力读书，成就梦想

古语云："开卷有益。"幼年时期，我们的头脑如一张白纸，学什么就成什么。少年时期，看一些优秀的课外读物，参加一些有益身心的课外活动和简单的劳动，对全面挖掘我们的潜能是大有裨益的。随着社会发展日益突飞猛进，我们现在已经进入了知识经济时代，要想更好地适应这个社会，我们就要紧跟社会的步伐，努力学习，努力改变现状。

明朝的许仲琳说过："井底之蛙，所见不大，萤火之光，其亮不远。"不读书，不知道当今世界的发展形势，不知道国家的政事，岂不是"萤火之光，其亮不远"？读书的直接效应就是增长知识，间接效应就是培养人们品德高尚，知书达礼。

培根曾说："书籍是在时代的波涛中航行的思想之船，它小心翼翼把珍贵的货物送给一代又一代。"古代名人们的优良传统思想，如敬老爱幼、珍惜时间、不耻下问等，都被后人记载在书中。不管是中国还是外国，都出过不少名人，读一读这些名人的故事，多少也对我们有所影响，让我们也能成为像他们一样努力拼搏的人。

伟大的科学家爱迪生，童年时被视为"低能儿"，只上过三个月学便离开了学校。12岁那年，他当上了火车上的报童。火车每天在底特律停留几小时，他就抓紧时间到市里最大的图书馆去读书。不管刮风下雨，从不间断。当时，他随着兴致所至，任意在书海里漫游，碰到一本读一本，既没有方向，也没有目标。

有一天，爱迪生正在埋头读书，一位先生走过来问："你已读了多少书啦？"爱迪生回答："我读了15英尺书了。"先生听后笑道："哪有这样计算读的书？你刚才读的那本书，和现在读的这本完全不同，你是根据什么原则选择书籍的呢？"

爱迪生老老实实地回答："我是按书架上图书的次序读的。我想把这图书馆里所有的书，一本接着一本都读完。"先生认真地说："你的志向很远大。不过如果没有具体的目标和梦想，学习效果是不会好的。"

这席话对爱迪生触动很大，成为他确立学习方向的一个转机。他根据自己的爱好、兴趣和专业目标，把读书的范围逐步归拢到自然科学方面，特别注重电学和机械学。定向读书，最终使他掌握了系统而扎实的知识，成为伟大的科学发明家。

——摘自《爱迪生"读书"》

不断学习，可以解读自己的人生密码，规划自己一生发展的蓝图；不断学习，可以积累属于自己的智慧资本；不断学习，可以开发生命的源泉，实现自我蜕变；不断学习，可以打破界限，冲破限制自己的瓶颈。由此可见，不断学习，才是实现梦想的根基与保障。

人生是对理想的追求，理想是人生的指示灯，失去了这灯的作用，就会失去生活的勇气，因此只有坚持远大的人生理想，才不会在生活的海洋中迷失方向。而想实现梦想的前提，是不断学习，拥有更多的知识。

托尔斯泰曾将人生的梦想分成一辈子的梦想，一个阶段的梦想，一年的梦想，一个月的梦想，甚至一天、一小时、一分钟的梦想。这些梦想的累积都是由知识来做的砖瓦。有一位哲人说过，梦里走了许多路，醒来还是在床上。他形象地告诉我们一个道理，人不能躺在梦幻式的理想生活中，更需要大胆努力地去做。在理想中躺着等待新的开始，不仅遥遥无期，甚至连已经拥有的也会失去。所以，我们想实现梦想，从此刻就要开始努力学习。

有句话说得好：活到老，学到老。只有将学习作为实现梦想的途径，我们才能在充满沼泽的土地上顺利前行。正如马克思曾说："一个人有了知识，才能变得似有三头六臂。"有了知识的存在，梦想才不会是沙漠中的海市蜃楼。

哈里就曾是一个普通人，他是一个典型的美国移民家庭里10个孩子中的老大，家境贫穷到时常可以断炊。

然而，从小他就立志要上大学，成为一个可领固定薪水的上班族，好改善家里的境况，这是他的梦想。在读高中的时候，他学习得并不轻松，除了念书之外，还得做家务、打工。

但他却总是面带微笑地去做这一切，以愉快的心情鼓励自己坚持下去。在他还是个十几岁的孩子时，他的朋友们就常常称他是个"过分卖力的人"。

他解释说："我没有别的选择……我不得不忙个不停，不然，我不可能把那些事情都做完。从早晨睁眼的那一刻起，我就得抓紧每一分钟，直到晚上睡觉。"

尽管外在的条件相当艰苦，但他不改初衷，无论如何都要上大学，完成自己的志愿，实现自己的梦想。

然而，他的考试成绩往往刚够及格，学校的负责人也一再向他建议，如果放弃上大学，改上一般的职业学校，对他会是比较务实、适合现况的做法："你绝对做不到的。以你的考试成绩来判断，大学里的竞争对你来说，实在是太难了。"

但是，哈里并不听从这个劝告。他想接受大学教育的决心是无比坚定的。虽然，大学的学习课程对他而言，的确是异常艰难，因为他的阅读能力低到每一章节都要反复读上五遍才能够领会。他说："我总是不太清楚自己在读什么，但是我就是一遍又一遍地反复读下去，直到完全理解为止。"

成功的
世界里，
骏泪不会说谎

吃饭时，他面前总是放着一本书。他说："每一件事我都得比别人多花时间，因为我总是坚持不懈地、非常小心地要把事情做好。我就是系着背带，还要扎上腰带的那种人。"

哈里最终以自己的勤奋不已，坚持不懈实现了梦想。他不仅大学毕了业，而且还读完了研究生的课程，拿到了博士学位。而后，他成了食品营养学方面的权威人士，现今领导着美国与加拿大两地两千多家联营保健食品商店。哈里的勤奋，最终让他实现了自己的梦想，得到了成功。

——摘自《成功者不一定是最聪明的人，但肯定是最勤奋的人》

有人认为成功是一种幸运，所以他们整天无所事事，等着成功的大馅饼砸到自己头上。不错，有的歌手、演员确实看似一夜走红，但他们都有一段不为人知的奋斗历程，他们将无数的汗水与泪水洒在了通往成功的路上。他们付出了比常人更多的辛劳，他们怀揣梦想，努力奋斗，才最终获得了成功。

从现在开始，让我们也以梦想做指路明灯，带上一份自信，背上学习与奋斗的背包，迎着灿烂的阳光就此启程，踏上一条奔向成功的路吧！

摆脱借口，不断进取

你想实现自己的梦想，拥有一个圆满的人生吗？如果是，那就从现在开始，做一个有进取心的人，不埋怨、不抱怨，彻底和借口划清界限。如果我们把进取作为自己的生活准则，就可以做到无论顺境、逆境，都能不为自己找借口。进取心是一种发自内心的信仰，当倦怠和忧虑袭来的时候，听从自己的进取心，就可以打消那些让人放弃的借口，激发人的无限潜力，坚持实现梦想。

有进取心的人会主动去做应该做的事情，并把别人不要求他完成的任务一起完成。找借口的人只会被动地跟在别人的后面做事情，还会想尽办法把自己的事情推给别人去完成。所以成功只青睐有进取心的人。

有进取心的人，时刻都提醒自己多做事情，少发牢骚，这样就可以远离借口。如何才能让进取成为自己的生活习惯呢？首先，主动完成自己分内的工作，不要等待别人的命令。要尽快地完成自己的每一件工作，准备工作效率簿，把每天需要做的工作记录下来，再把已经完成的打上对勾。其次，不要计较报酬，不要只为了钱去工作，要思考工作的价值和意义，而非经济上的获益。最后，努力寻找帮助同事的机会，了解他的工作内容和思路，把他的问题当作自己的问题，尽自己最大的努力去解决这些问题。

当我们以培养进取心为目标，做了以上的规划后，我们也就不用编造任何借口来拖延、搪塞了。进取心虽然不能让人一天之内就获得成功，但只要积极努力地端正工作态度，机会总有一天会降临到我们身上，帮助我们实现梦想。

成功学大师拿破仑·希尔有一位女秘书，她的任务就是拆阅、分类拿破仑·希尔的信件，然后记录下他口述的内容，并把回复的内容邮寄给写信的人。她的薪水和同行业的收入相同，只是最一般的书写员的收入。有一天，拿破仑·希尔在给别人的回信中说了一句至理名言："你唯一的限制就是你自己脑海里给自己设定的那个限制。"女秘书在记录这句话的同时，也铭记在了心里。从此之后，她每天都加班到很晚，并主动承担更多原本不需要她来完成的任务。

终于有一天，她把自己写好的回信拿到了拿破仑·希尔的办公桌上。希尔惊讶地发现，女秘书已经通过自己的钻研，掌握了他的说话风格，这些信写得和他口述的几乎一样，有的甚至比他口述的还要精彩。从此以后，女秘书一直保持了这个习惯。直到拿破仑·希尔的私人高级秘书辞职，他需要寻找下一位私人秘书时，便自然而然地想到了这位女秘书：她是工作最积极主动的人，也是最能胜任这份工作的人。因为她已经透彻地掌握了拿破仑·希尔的演讲风格，完全可以胜任这项工作。

这位女秘书通过自己的努力，在没有任何额外收入的情况下，坚持做拿破仑·希尔并不要求她做的事情，正是通过写一封封回信的训练，才使得她获得了更高的职位，也使自己的收入得到了提高。如果她像很多同年龄的年轻女秘书一样，还差半个小时下班的时候就开始斟酌晚上的约会该去哪里，那么恐怕她一辈子也得不到这份私人高级秘书的职位。

进取心的关键就是不要用收入衡量自己的付出。找借口的人总会说："我拿这么一点点钱，凭什么让我做那么多的事情。"如果这样想，那么这个人就永远只能拿那么一点点钱，因为他只做了和这些金额相符的工作。有进取心的人会做很多额外的工作，这些工作都是难得的锻炼能力的机会，只有自己的能力提升了，可以完成更重要的事情了，才有资格去获得更高的收入。

不要认为自己多付出了体能和智力而没有得到更多的金钱回报，就是吃亏的事情。其实，这些付出换来的是更加珍贵的经验和能力，以及获得更好工作的机会。多接触一个新的领域，就会多了解一些新的情况，哪怕是"蜻蜓点水"式的了解，也比全不知情要好，这种点滴的积累，对以后处理复杂的事情，都将大有裨益。美国的《读者文摘》上就登载过这样一则发人深省的故事：

丹尼斯刚到杜兰特公司时只是一名普通员工，但是他从进入公司，到升职为副总裁，实现自己的梦想却只用了五年的时间。当员工们请他总结一下自己升迁的经验时，他说："当我刚来公司时，我发现，每天下班后，大家都回家了，只有杜兰特先生还在办公室里，一直要工作到很晚。因此，我想我应该留下来，虽然从来没有人要求我留下来，但我想，或许杜兰特先生会有一些需要我帮助的事情。当他在晚上需要某个人把文件拿来，或者需要人手帮忙安排一件事情的时候，自然就找到了我。慢慢地，他养成了让我协助他完成工作的习惯，我就自然得到了更多锻炼的机会。"

杜兰特先生为什么会养成与丹尼斯合作的习惯呢？并不是丹尼斯的业务水平如何出类拔萃，只是因为他留在了办公室里，而其他人并没有这样做。虽然丹尼斯暂时没有获得额外的收入，但他获得了比收入更重要的东西：和老板一起工作的机会。这样的机会使丹尼斯的工作能力迅速提高，并很快得到了提拔，自然收入也就有了显著的提高。

胸怀进取心，在平时任劳任怨，不怕辛苦，只有这样才能不断提高自己的实力，为自己创造更多的机会，也只有如此，才能在机会出现的时候，有实力抓住它。那些以运气差为借口的人，总认为自己得不到机会只是运气问题，但却忘记了"自助者天助"的道理，运气并不会偏向谁，机会是给有准备的人的。在日常生活中只懂得找借口的人，完全丧失了进取心，就算机会真的来临了，他们也没有足够的能力去抓住它。

如果想要让自己站上更高的位置，实现自己心中的梦想，那么无论何时何地都要提醒自己：做一个有进取心的人，不埋怨、不抱怨，不与借口为伍，努力进取，为更好的未来而奋斗。

第二章
"苦痛"的碎石，是通往成功的路

人生既有成功，也有失败，充满幸福，但也遍布苦痛。没有一个人敢说他的人生是极度完美，无任何苦痛的。高尔基曾经说过：苦难是一所最好的大学。这句话非常富有哲理。因为苦难会磨练我们的心智，让我们获得更好的成长。

克服困难，成就辉煌人生

没有人命中注定会永远失败，也没有人命中注定永远一帆风顺。在生命的长河中，我们难免会陷入意想不到的泥沼，有时也会面对难以逾越的沟壑。只有正视人生的坎坷，才有可能排除万险，找到解决问题的办法，最终走上通往成功的康庄大道。

不平凡的经历是成功的一笔财富。对生活充满热情，并勇敢面对，才能克服重重困难，成就辉煌的人生。

许多年前，有一个名叫海菲的人。他恳求老板改变他地位低下的生活，因为他爱上了一位美丽的姑娘，而姑娘的父亲富有却势利。

不想他的恳求获得了老板——大名鼎鼎的皮货商人柏萨罗的恩准。为了验证他的潜力，柏萨罗派他到一个名叫伯利恒的小镇去卖一件袍子。然而，他却失败了。因为出于一时的怜悯，他把袍子送给了客栈附近一个需要取暖的新生儿。

海菲满是羞愧地回到老板那里，但有一颗明星却一直在他头顶上方闪烁。柏萨罗将这种现象解释为上帝的启示。于是，他给了海菲十张羊皮卷，那里面记载着震撼古今的商业大秘密，有实现海菲所有抱负所必需的智慧。

海菲怀揣着这10张羊皮卷，带着老板给他的一笔本金，走向远方，正

第二章
"苦痛"的碎石，是通往成功的路

式开始了他独立谋生的推销生涯。

若干年后，海菲成了一名富有的商人，并娶回了自己心爱的姑娘。他的成就在继续扩大。不久，一个浩大的商业王国在古阿拉伯半岛崛起……

熟悉以上这段文字的人都明白，这是一部奇书的故事梗概。它的名字叫《世界上最伟大的推销员》。作者奥格·曼狄诺，出生于美国东部的一个平民家庭。28岁时他读完了学校课程，有了工作，并娶了妻子。但是后来，由于自己的愚昧无知和盲目冲动，他犯了一系列不可饶恕的错误，最终失去了自己所有宝贵的东西——家庭、房子和工作，几乎一贫如洗。于是，他开始到处流浪，寻找自己、寻找赖以度日的种种答案。

两年后，他认识了一位受人尊敬的牧师，牧师解答了他提出的许多困扰人生的问题，临走的时候，牧师送给他一部《圣经》。此外，还有一份书单，上面列着十一本书的书名：《最伟大的力量》《钻石宝地》《思考的人》《向你挑战》《本杰明·富兰克林自传》《获取成功的精神因素》《思考致富》《从失败到成功的销售经验》《神奇的情感力量》《爱的能力》《信仰的力量》。

从这一天开始，奥格·曼狄诺就依照牧师开列的书单，把11本书一一找来仔细地阅读。渐渐地，笼罩在心头的那一片浓重的阴云退去了，似有一抹阳光照射进来。他激动万分，终于看到了希望。

人能创造自然界中伟大的奇迹。一旦曼狄诺意识到自己的潜力，便焕发出前所未有的生活热情和勇气。他遵循书中智者的教诲，像一位整装待发的水手，手中有了航海图，瞄准了目标，越过汹涌的大海，抵达梦想的彼岸。

在以后的日子里，曼狄诺当过卖报人、公司推销员、业务经理……在这条他所选择的道路上，充满了机遇，也满含着辛酸，但他已不可战胜，因为，他掌握了人生的准则。当遇到困难，甚至失败时，他都用书中的语言激励自己：坚持不懈，直至成功！终于，在35岁生日那一天，他创办了自己的企业——《成功无止境》杂志社，从此步入了富足、健康、快乐的

41

乐园。

奥格·曼狄诺的成功为他带来了巨大的荣誉。他成为美国家喻户晓的商界英雄。曼狄诺没有就此止步，开始著书立说。1968年，他写出了《世界上最伟大的推销员》一书。该书一经问世，即以22种语言在世界各个国家出版。不仅仅是推销员，还包括社会各个阶层人士，都被这部作品的风格深深吸引，人们争相阅读。截至1998年，该书在全球总销量达到1800万册。

凡读过此书并对作者有所了解的人，都不难看出，海菲其实就是曼狄诺本人的化身。而牧师赠给他的书，则是那十张充满神秘色彩的羊皮卷。曼狄诺的人生经历使人感慨，如果他没有早年的坎坷，就不会有后来的成就。

当挫折来临的时候，千万不要麻木地不知所措，要学会应变，根据不同的情况做出相应的变通。要全力以赴，从能做的做起。同时，以强烈的求新求变意识，摸索对策，在最短的时间内，扭转败局，反败为胜。

美国的波音公司和欧洲的空中客车公司曾为争夺日本"全日空"的一笔大生意而打得不可开交，双方都想尽各种办法，力求争取到这笔生意。由于两家公司的飞机在技术指标上不相上下，报价也差不多，"全日空"一时拿不定主意。

短短两个月内，世界上就发生了三起波音客机的空难事件。一时间，来自四面八方的各种指责都向波音公司汇集而来。这使得波音公司蒙受了奇耻大辱，产品质量的可靠性也受到了人们的普遍怀疑。这对波音正与空中客车争夺的那笔订单来说，无疑是一个丧钟般的讯号。许多人都认为，这次波音公司肯定是输定了。但波音公司的董事长威尔逊却并没有为这一系列的事件所击倒。他马上向公司全体员工发出了动员令，号召公司全体上下一齐行动起来，采取紧急的应变措施，力闯难关。

他先是扩大了自己的优惠条件，答应为全日空航空公司提供财务和配件供应方面的便利，同时低价提供飞机的保养和机组人员培训；接着，又针对空中客车飞机的问题采取对策，在原先准备与日本人合作制造A3型飞机的基础上，提出了愿意和他们合作制造较A3型飞机更先进的767型机的新建议。空难前，波音原定与日本三菱、川琦和富士三家著名公司合作制造767客机的机身。空难后，波音不但加大了给对方的优惠，而且还主动提供了价值5亿美元的订单。通过打外围战，波音公司博取到了日本企业界的普遍好感。

在这一系列努力的基础上，波音公司终于战胜了对手，与"全日空"签订了高达10亿美元的成交合同。这样，波音公司不光渡过了难关，还为自己开拓了日本这个市场，打了一场反败为胜的漂亮仗。

——摘自《成就一生：吉德林法则》

由此可见，挫折对造就人才和促进事业的成功有帮助。但是，挫折毕竟是人生道路上的逆流，与人生前进的方向背道而驰。正确的态度应该是：尽量避免，一旦遇上，也要努力争取将挫折向成功转化。

困难像弹簧，你弱它就强，你强它就弱。当我们陷入困境的时候，如果一味地逃避，只能让困难越变越大，最后堵得你寸步难行。当你鼓起勇气正视困难时，反而能够一举将它攻破，顺利到达成功的终点。

挫折是成功的垫脚石

法国伟大作家巴尔扎克曾说："挫折就像一块石头，对于弱者来说是绊脚石，让你却步不前；而对于强者来说却是垫脚石，使你站得更高。"人生在世，难免会遇到挫折，但这并不一定是坏事。相反，挫折有时候还能成为成功的垫脚石，它能够增长我们的聪明才智，让我们真正懂得人生的意义。

在人生的不断追求中，我们不可能一路畅通。其实，人的一生就是在不断克服前进中的种种阻力，不断达到既定目标的过程，因此，挫折对任何人来说，都是正常的现象。从另外一个角度来说，挫折也是另一种财富，是走向成功的入场券，因为战胜挫折所取得的经验是走向成功的礼物，在挫折中积累的经验和激发的坚强是人生奋进的食粮。逆境成材就是这个道理。好钢总是需要锻炼，温室里的花儿无法漂洋过海走四方。

1978年，当波·弗兰克搬到希尔顿黑德岛的时候，海松房地产公司正值生意红火之际。弗兰克卖掉了他在亚特兰大的石油股份，考虑过其他因素之后，他决定卖掉自己的房产——这是一件他从未做过的事。弗兰克加入了一个17人的销售组织，并且升迁得很快。1980年，他已经是这个房地产销售组织的副总裁了。1981年，是海松房地产公司的第十个好年头。他成了该公司的副经理，领导着50个销售商。他们每年都能创下2500万美元的销售额。

但是接下去，上帝似乎有意想考验一下弗兰克的意志力，一连串打击接踵而来。在随后的六年里，海松公司被出售、调整、重组。它被由七家不同的经营公司组成的集团控制。它们都相继经历了资金外流以及信贷、信誉等问题。由于一些政策的改变，弗兰克自己的办公室也七次迁址。到1987年年中，这个实际上已经破产的实体，由另一家公司代理。当时，海松房地产公司的职员都显得非常沮丧。后来海松被卖掉，但弗兰克所主管的那个房地产部门，即使在经济困顿时期也依然保持良好的销售势头。

他每天都要参加行政人员会议，面对那些令人沮丧的坏消息，亏损报告、经营变动，一刻不得安宁。尽管如此，他每天都能保持充沛的精力去激励他的销售组织。虽然公司里存在着各种各样的问题，但是弗兰克的部门却容纳了上百个销售商，并获得了1亿美元以上的销售额。它很快成为南加州最大的房地产公司。

从1987年起，海松房地产公司开始给周围的居民和社区带来了实惠。正是由于弗兰克不动摇的意志和经济实力，这个公司得以保持稳定和繁荣。

生活的道路上，总免不了崎岖与坎坷。在坎坷面前，有的人只要跌倒一次，就再也爬不起来；而有的人则一次又一次坚强地站起来，跨过一条条深深浅浅的河，迈过一道道大大小小的坎。

社会生活在不断地发生变化，人生也需要不断地进行自我调整。今天你可能在某个位置，明天也许就没有了。如果想不开，就只能是人生悲剧。相反，只要及时调整，那就可能拥有一次更高层次的跨越。

爱迪生在晚年总结自己的成功经验时说："失败也是我需要的。它和成功对我一样有价值。只有在我知道一切做不好的方法以后，我才能知道做好一项工作的方法是什么。"一个人在遭遇挫折之后，如果他想要再次站起来，那他就会去认真总结经验教训，探究导致失败的原因，寻找摆脱困境的办法，将挫折向成功转化。

挫折、失败是对成功的一种否定。为什么人们总把失败、挫折与成功连在一起呢？成功是人人都期望获得的，失败和挫折是人人都希望可以避免的。因为成功意味着自己事业的成就和对社会的贡献，而失败和挫折则会带来损失和沮丧。但失败和挫折往往与成功相伴随，失败和挫折是通向成功的途径，成功是从失败和挫折中实现的。

挫折可以激发人的进取精神。对于一个有志者来说，挫折会唤起他的自信心，激发他的进取心。失败只能说明某一时间、某一地点的情况，许多失败可能连着成功。如果你拒绝了失败，实际上你也就拒绝了成功。成功的人是在失败中产生的。

20世纪50年代初，台湾经济处于恢复时期，急需发展纺织、水泥、塑胶等工业。化学工业基础雄厚的"永丰"老板何义到国外考察后，看到国际市场塑胶业技术先进，竞争激烈，自己难有立足之地，便打起了退堂鼓。名不见经传的王永庆，竟决定投资塑胶业，因而招来了社会的非议，"何义都不做的事业，一定难做""不懂行情""不识时务"，可王永庆面对非议并没退缩。

1954年，他筹措50万美元，创办了台湾第一家塑胶公司。1957年建成投产。事情的发展果然不出何义所料：当台塑的原料生产出来时，日本等国的同类产品滚滚而来，充斥台湾市场，况且物美价廉，占有了绝大部分市场。而台塑产品严重滞销，仓库暴满，股东们也心灰意冷。王永庆当时陷入了绝境。

面对着初战失利，王永庆并没有泄气，他自有计划。他认为台湾当时是国际烧碱生产基地之一，而烧碱过程中有70%的氯气被弃置不用，实在太可惜，而氯气是塑胶生产的主要原料。他的优势是充足而廉价的原料。

世界上失败的人很多，但不一定都能爬得起来。只有检讨反思，总结教训，找出失败的原因，奋起直追，才能置之死地而后生。王永庆认准的就是这一个道理，检讨才是成功之母。

台塑一定要办下去。经过一番"检讨"，王永庆采取了两条令人吃惊的措施：其一，针对供过于求的矛盾，他以常人所没有的胆识，采取了近似于"以毒攻毒"的策略：大幅度增加产量来压低成本和售价，从而获得压倒一切的竞争能力。对此台塑的股东一致反对。于是，他毅然购下台塑所有股权，独自经营，我行我素。其二，造成当时濒临绝境的另一个重要原因是与他连锁的加工厂对自己的产品不愿降低售价，致使销售量无法大幅度增加，因而对塑胶原料的需求量不旺。王永庆对他们动之以情，晓之以理，百般劝说无效后，他以义无反顾的决心，敢于拼命的勇气，毅然成立了自己的加工厂——南亚塑胶厂，从而建立起塑胶原料与加工相连贯的"一体发展体系"。

——摘自《教你铸就越挫越勇的坚强意志》

国外大企业物美价廉的威胁并不可怕，关键看你采取什么样的竞争对策。由于王永庆改变了台塑的经营策略，又力求把台塑建成高效能、低消耗的企业，台塑的产品逐渐打开了销路，站稳了脚跟，继而逐步扩大再生产。台塑这条"小鱼"不仅没有被"大鱼"一口吞掉，反而更加壮大，到目前已成为台湾唯一进入"世界化工企业50强"的企业。

现实生活中，每个人都会面临各种各样的挑战和挫折，这时候你能承受挫折的能力大小，就是你未来的命运。成功不是一个海港，而是一次埋伏着许多危险的旅程，人生的赌注就是在这次旅程中要做个赢家，成功永远属于不怕挫折、不怕失败的人。

成功永远都不会同情弱者

英国诗人雪莱有句名言:"冬天来了,春天还会远吗?"中国有几句这样的古谚:"山高自有客行路,水深自有渡船人。""天无绝人之路。"天既无绝人之路,人何苦自寻绝路呢?一个人在面对困难时的态度,在很大程度上决定了他以后会成为一个什么样的人。

在温室里成长的花朵,一旦将它放到屋外,受点风吹雨打,它就会丧失生命力,而长期生存在野外的花儿,则经得起风霜,耐得住严寒。如果没有严冬,我们或许不能察觉到夏季的可贵;如果没有困苦的考验,我们未必看得出谁才是最好的朋友;如果没有遇到挫折,我们便不能真正感受到成功的喜悦。

草地上有一个蛹,被一个小孩发现并带回了家。过了几天,蛹上出现了一道小裂缝,里面的蝴蝶挣扎了好长时间,身子似乎被卡住了,一直出不来。当天真的孩子看到蛹中的蝴蝶痛苦挣扎的样子,心里非常难过,于心不忍。于是,他便拿起剪刀把蛹壳剪开,帮助蝴蝶脱蛹出来。然而,由于这只蝴蝶没有经过破蛹前必须经过的痛苦挣扎,以致出壳后身躯臃肿、翅膀干瘪,根本飞不起来,不久就死了。

虽然这只是个小故事,但它给我们带来了很大的震撼,它告诉我们得到欢乐之前必须能够承受住痛苦和挫折。这是对人的一种磨练,也是一个

第二章
"苦痛"的碎石，是通往成功的路

人成长必经的过程。然而，在生活中，我们往往只是期待欢乐而无法面对挫折，无法忍受挫折带给我们的痛苦。其实，挫折和快乐相距很近，甚至可以说是无法分离。

一个人在工作和生活中，可能会遇到各种障碍、困难或是失败、痛苦。面对挫折，跌倒了就自己爬起来，不怨天、不尤人，抚平伤口，背起行囊沿着既定的目标上路。不要企盼有谁会跟你一起分担忧愁，我们只能通过自己的双脚踏平坎坷，只能用自己的双手去创造未来。遇到挫折就鼓励自己："我行，我可以。"遇到挫折就告诫自己："要成功，就必须努力。"

普拉格曼是美国当代著名的小说家，但他连高中都没念完。当他的长篇小说获奖后，在颁奖典礼上，有记者问他："你毕生成功最关键的转折点在何时何地？"普拉格曼回答道："第二次世界大战期间，我在海军服役的那段生活，是我人生受教育最多的日子。至于我迈向成功最关键的转折点，恰是我的生死关头……"

他讲述了那次难忘的经历：

事情发生在1944年8月的一天午夜。两天前我在一次战役中受了伤，双腿暂时瘫痪了。为了挽救我的生命和双腿，舰长下令让一位海军下士驾一艘小船，趁着夜色把我送上岸去战地医院治疗。不幸的是，小船在茫茫大海上迷失了方向。那名掌舵的下士惊慌失措，面对无边的黑夜，绝望得差点拔枪自杀。

我当时很冷静，镇定自若地安慰他说："你别开枪，我有一种神秘的预感，我们肯定会成功地抵达彼岸！"下士听我这样一说，犹疑地放下了对准太阳穴的枪。

我接着说："如果你开枪自杀，你必死无疑，我也难逃一死。如果我们坚信自己会成功，绝不放弃，总会有希望逃难。"

其实，我们已在危机四伏的黑暗中漂荡了四个多小时，孤立无援，而且我的伤口还在淌血……不过，我认为即使注定失败也要有耐性，要耐心等待失败的最后一刻到来，绝不让自己提前堕入绝望的深渊。正这样想的时候，突然前方岸上射向敌机的高射炮火闪亮了起来，我们欣喜地发现，原来我们的小船离码头还不到三里。

这次脱险经历，使普拉格曼悟出了一个道理——天无绝人之路。

后来，普拉格曼在回忆中写道："自从那夜之后，此番经历一直留存在我心中。这个戏剧性事件竟包容了对生活真谛认识的整个态度。因为我有不可征服的信心，坚忍不拔，绝不失望！即使在最黑暗最危险的时刻，我相信命运还是能把我召向一个陌生而又神秘的目的地……

"尽管每天我总有某方面的失败，但当我掉进自己弱点的陷阱时，我总是提醒自己，重要的是要了解所有失败的原因，这更接近认识自我的一种日常生活的严峻考验。无论如何，当我相信自己还能梦想一个比现在更美好的生活时，我就找到了慰藉，就找到了工作过程中的深深快乐。"

如果将幸福、欢乐比做太阳。那么，不幸、失败、挫折就可以比做月亮。人不能只企求永远在阳光下生活，在生活中从没有失败和挫折是不现实的。挫折是成功的入场券，能使人走向成熟，取得成就，但也可能使人失去信心，让人丧失斗志。对于挫折，关键在于你怎么看待。

美国成功学家大卫·史华兹说："人类是自己思想的产物。那些相信自己能'移山'的人定会成功，这是信心激发了成功的原动力；而那些相信自己不能的人，就只能做到他们所相信的程度。"

有一位美国绅士，以他的亲身经历，证实了大卫·史华兹的结论。

这位绅士以前是个普通工人，过着很一般的生活：住宅太狭窄，用钱很拮据。他的太太虽然很少抱怨，但显然不快乐，只是认命而已。他内心渐渐感到不满，为自己不能让全家过上舒适的生活，深感内疚。

后来，他听了大卫·史华兹的演讲《使你的思想帮助工作，而不是阻碍你的工作》，心有所动，决定"运用信心的力量"与命运作一次较量。

于是，他去应聘一家大公司的工作。在面试的前一天晚上，他独自坐在旅馆的房间里，忽然觉得自己很落魄，很凄惨，人到中年，却还是生活在底层的失败者。想到这些，他对自己感到很失望、很厌烦。他问自己："是什么原因使自己这样的呢？为什么我只是试图找一份仅能向前跨一小步的工作呢？是我没能力吗？"

他心血来潮，在旅馆便笺上写下相识多年的五位朋友的姓名，他们目前都比自己有成就。他便问自己：除了有较好的工作外，这五位朋友还拥有什么自己所没有的优势呢？论智力，自己不比他们差；论学历，他们也不比自己强；论操行，大家都彼此彼此。究竟是什么因素，导致自己远远不如他们呢？

最后，他终于找到他们成功的要素——干劲。他们一个比一个干得欢，而自己则心灰意懒。

尽管他很不愿意承认这一点，但还是不得不承认，自己凡事都有退缩犹豫的毛病，而且一直如此。

进一步分析，有没有干劲还只是表面现象，更深层的原因是：自己之所以缺少干劲，乃是因为自己从来就没认为自己很有价值。

一发现病根，再回想过去，原来这种自贬的意识在自己所做的每一件事情上都显示出来了：找工作不敢找理想的工作，干工作总做不出令人满意的成果。他不禁自问：是从什么时候起，自卑就开始支配着我的一切的呢？以前简直都是在廉价地出卖自己啊！自己倘若不相信自己，这世界上就没人会相信自己。

在认识到自卑的危害后，他立刻告诫自己：我不再认为自己是二流的，我也不再廉价出卖自己。

第二天早上，他带着这份信心去面试。本来自己打算应聘一份较低收入的岗位，但为了试验新发现的信心，他理直气壮地自我推销，说明自己的价值，结果，信心实验成功，他得到了一份高薪的工作。上班后，他仍带着这份信心，工作越干越欢，成就越干越大。两年后公司重组，他还分配到很多股票，外加更多的薪水。

五年后，他的生活彻底改观了，很多方面已超过了那五位朋友，不仅拥有一幢坐落在两英亩土地上漂亮的新居，还在四季如春的地方建了一座豪华别墅；孩子能接受更好的教育，太太能享受随心所欲购物的乐趣；每年全家还可以到世界上任何一个地方去度假。

由此可见，心态在很大程度上决定了我们人生的成败：我们以什么样的心态对待生活，生活就怎样对待我们。我们以什么样的心态对待别人，别人就怎样对待我们。在着手一项任务时，我们开始抱有什么样的心态，便决定了我们最后有多大的成功。

古书里有这么一句话："玉不琢，不成器；铁不炼，不成钢。"雄鹰是经历了一次又一次的风雨洗礼，才能搏击长空的；人类是因为经历了蹒跚学步时的一次次跌倒，所以才能健步如飞。有的人在困难面前选择了坚强；有的人选择了退缩，成功永远都不会同情弱者，在挫折面前倒下的人就会失败。

用乐观精神支配自己的人生

西方谚语曾说:"成功者都是咬紧牙关让死神都害怕的人。"所以,我们要像所有成功者那样,咬紧牙关,别松口,别泄气。如果死神都害怕我们咬紧牙关,那么,失败和挫折也就统统算不了什么了。要多方尝试,凭毅力去追求所企望的目标,我们最终必然会得到自己想要的。千万别在中途放弃希望,大文豪莎士比亚曾说:"黑夜无论怎样悠长,白昼总会到来。"

生活中,乐观的人在行动上比较积极,但往往低估了实际上的困难,所以有时会在危险的路上碰到意外。相反的,悲观的人过于慎重,容易错失良机。总之,将两者适度混合,就能达到理想境界。

卡耐基曾讲过一个故事,对我们每个人都有启发。塞尔玛陪伴丈夫驻扎在一个沙漠的陆军基地里,她丈夫奉命到沙漠里去演习,她一人留在陆军的小铁皮房子里。天气热得受不了——就连仙人掌的阴影下也是华氏125度。没有人和她聊天,这里只有墨西哥人和印第安人,而他们不会说英语。她太难过了,就写信给父母,说要丢开一切回家去。她父亲的回信只有两行字,这两行字却永远留在她心中,完全改变了她的生活。这两行字就是:

两个人从牢中的铁窗向外望去,一个只看到泥土,另一个却看到了满天的星星。

塞尔玛反复地读着这封信,觉得非常惭愧。她决定要在沙漠中找到星星。

塞尔玛开始和当地人交朋友,他们的反应使她非常惊奇。塞尔玛表示对他们的纺织、陶器感兴趣,他们就把最喜欢的、舍不得卖给观光客人的纺织品和陶器送给了她。塞尔玛研究那些引人入迷的仙人掌和各种沙漠植物,又学习有关土拨鼠的常识。她观看沙漠日落,还寻找海螺壳,这些海螺壳是几万年前沙漠还是海洋时留下来的……原来难以忍受的环境变成了令她兴奋、流连忘返的奇景。

是什么使塞尔玛内心有了这么大的转变?

沙漠没有改变,当地人也没有改变,而是塞尔玛的思想观念改变了。一念之差,使她把原先认为恶劣的情况变成了一生中最有意义的冒险。她为发现新世界而兴奋不已,并为此写了一本书,以《快乐的城堡》为书名出版了。她从自己造的牢房里看出去,终于看到了星星。

——摘自《积极看待人生,化消极为积极心态》

成功最大的敌人就是消极的心态。这种心态常常把我们吓倒。要想成功,必须树立起积极乐观的心态,彻底清除消极悲观的心态。正如莎士比亚所说:"消极是两座花园之间的一堵墙壁。它分割着时节,扰乱着安息,把清晨变为黄昏,把白昼变为黑夜。"

在这世上,同样是遭受挫折的人,有的人乐观面对,站起来成功了;有的人消极面对,于是一直一蹶不振,走向了两种截然不同的人生。其实,我们的一生会遇到很多事情,有好的,也有坏的,只要我们能乐观地去对待,那么就算是坏事,我们也能从容面对。

你听说过"两个女人一条腿"的故事吗?她们一个叫艾美,是美国姑娘;另一个叫希茜,是英国姑娘。她们聪明、美丽,但都有残疾。

艾美出生时两腿没有腓骨。一岁时,她的父母做出了充满勇气但备受争议的决定:截去艾美膝盖以下的部位。艾美一直在父母的怀抱和轮椅中生活。后来，她装上了假肢。凭着惊人的毅力，她现在能跑，能跳舞和滑冰。她经常在女子学校和残疾人会议上演讲，还做模特，频频成为时装杂志的封面女郎。

与艾美不同的是，希茜并非天生残疾，她曾参加英国《每日镜报》的"梦幻女郎"选美，并一举夺冠。1990年她赴南斯拉夫旅游，决定侨居异国。当地内战期间，她帮助设立难民营，并用做模特赚来的钱设立希茜基金，帮助因战争致残的儿童和孤儿。1993年8月，在伦敦她被一辆警车撞倒，肋骨断裂，还失去左腿，但她没有被这一不幸所击垮。她后来奔走于车臣、柬埔寨，像戴安娜王妃一样呼吁禁雷，为残疾人争取权益。

也许是一种缘分，希茜和艾美在一次会见国际著名假肢专家时相识，她们现在情同姐妹。

她们虽然肢体不全，但并不觉得这是什么人生憾事，反而觉得这种奇特的人生体验给了她们坚韧的意志和生命力。她们现在使用着假肢，行动自如。在坐飞机经过海关检测时，金属腿常引发警报器铃声大作。只有在这时，才会显出她们的腿与众不同。

只要不掀开遮盖着膝盖的裙子，几乎没有人能看出她们套着假肢。她们常受到人们的赞叹："你的腿形长得真美，看这曲线，看这脚踝，看这脚趾甲涂得多鲜红！"

艾美说："我虽然截去双腿，但我和世界上任何女性没有什么不同。我爱打扮，希望自己更有女人味。"

你看这姐妹俩，她们从来没有把自己当成是残疾人。她们没有工夫去自怨自艾，人生在她们眼里仍是那么美好。也有异性在追求她们，她们和肢体健全的姑娘一样，也有着自己的爱情。

——摘自《心态是人生的双向门》

生活对我们每个人都是公平的，然而我们所持的态度不同，命运也就因此而不同。有些人消极地应对生活中的一切，逆来顺受，忍气吞声，裹足不前，结果棱角磨平了，锐气丧失了，心中的理想也就成了泡影。另外一些人善于从失败的阴影中走出来，用最积极的思考、最乐观的精神和最辉煌的前景支配和控制自己的人生，当然会成功。

乐观的心态是获取成功的动力。很多时候，成功都是在最后一刻才姗姗到来。如果我们对于面临的挫折用乐观的态度去对待，那么，我们便能战胜挫折。因为挫折本身并不可怕，可怕的是我们是否拥有打败它的决心，如果有，哪怕前行的道路再苦再难，相信，最后屹立不倒的，一定是你！

屡败屡战，跌倒后再爬起来

人人都在追求理想，大家都渴望成功。然而，挫折却像凛冽的寒风一样，摧枯拉朽，残酷无情。若想使春天的幼苗不被寒风刮折、吹倒，唯一有效的办法就是通过努力提高自己抵御挫折的能力，而这种能力，恰恰是从无数次的挫折中锻炼出来的。每一次的跌倒都是为了更加坚定我们前进的步伐，只要你拥有屡败屡战的决心，就算是挫折也会被你吓得退缩。

生活中，人在多次受到打击的时候会表现出无助和绝望，从而选择放弃这种心态使人变得悲观，听天由命，一蹶不振。有人可能认为，事情并非那么糟糕，一直心怀希望，说不定就会有奇迹出现，要是连试都不肯试一试，那才叫彻底绝望。于是，这么想的人就坚持了下来，最后也获得了成功。

在失败面前，至少应该有三种人：一种人是无勇无智者，他们遭受了失败的打击，从此一蹶不振，成为让失败一次性打垮的懦夫，即一败不起；一种人是有勇无智者，他们遭受失败的打击，并不知反省自己，总结经验，仅凭一腔热血，勇往直前，这种人，往往屡战屡败，很难成功，即便成功，亦仅是昙花一现；还有一种人是智勇双全者，他们遭受失败的打击后，能够审时度势，调整自己的思维方式，在时机与实力兼备的情况下再度出击，卷土重来，在屡败屡战之后，成功就会来到他们面前。

很多人都曾说过这样的话："我已经尝试了成百上千次，可就是不见成效！看来，我是和成功无缘了！"这句话的真实度其实很值得怀疑，不说尝试上千次，就是上百次、几十次，恐怕都不一定靠得住吧？更何况，就算你为此努力了八九次乃至十多次，难道就可以因为不见成效而放弃吗？如果那样，你永远不会获得成功。因为，真正放弃成功机缘的是自己！

有没有一种能克服困难的好办法呢？事实上，化解困难的特效方法是不存在的，唯一行之有效的途径就是坚持。一旦你准备停止努力，接受失败，那么，你已经取得的一切成果便会因此而白白浪费掉。在下一个困难来临的时候，你依然会习惯性地选择放弃。

1832年，林肯失业了，这显然使他很伤心，但他下决心要当政治家，当州议员，糟糕的是，他竞选失败了。在一年里遭受两次打击，这对他来说无疑是痛苦的。他着手自己开办企业，可一年不到，这家企业又倒闭了。在以后的17年间，他不得不为偿还企业倒闭时所欠的债务而到处奔波，历尽磨难。他再一次决定参加竞选州议员，这次他成功了。他内心萌发了一丝希望，认为自己的生活有了转机："可能我可以成功了！"

1835年，林肯订婚了，但离结婚还差几个月的时候，未婚妻不幸去世。这对他精神上的打击实在太大了，他心力交瘁，数月卧床不起。在1836年他还得过神经衰弱症。1838年他觉得身体状况良好，于是决定竞选州议会议长，可他失败了。1843年，他又参加竞选美国国会议员，但这次仍然没有成功。

他虽然一次次地尝试，但却是一次次地遭受失败：企业倒闭，爱人去世，竞选败北。要是你碰到这一切，你会不会放弃——放弃这些对你来说是重要的事情？他没有放弃，他也没有说："要是失败会怎样？"1846年，他又一次参加竞选国会议员，最后终于当选了。两年任期很快过去了，他决定要争取连任。他认为自己作为国会议员表现是出色的，相信选民会继续选举他。但结果很遗憾，他落选了。因为这次竞选他赔了一大笔钱，他申请当本州的土地官员。但州政府把他的申请退了回来，上面指出："做本州的土地官员要求有卓越的才能和超常的智力,你的申请未能满足这些要求。"

接连又是两次失败,然而,他没有服输。1854年,他竞选参议员,但失败了。两年后他竞选美国副总统提名,结果被对手击败。又过了两年,他再一次竞选参议员,还是失败了。

在林肯大半生的奋斗和进取中,有九次失败,只有三次成功,而第三次成功就是当选为美国的第十六届总统。那屡次的失败并没有动摇他坚定的信念,而是起到了激励和鞭策的作用。

——摘自《遭遇挫折不放弃,最终取得成功的名人故事》

每个人都难免会遇到挫折和失败,亚伯拉罕·林肯面对失败没有退却,没有逃跑,而是屡败屡战,从不认输。他始终有十足的信心向命运挑战,从来就没想过要放弃努力,他可以畏缩不前,不过他没有退却,所以迎来了辉煌的人生。他曾在竞选参议员落败时说过这样一句话:"此路艰辛而泥泞。我一只脚滑了一下,另一只脚也因而站不稳;但我缓口气,告诉自己,这不过是滑了一跤,并不是死去而爬不起来。"

行百里者半九十,不要害怕失败,可能下一次就会成功。成功者就是这样坚持下来的。假如第一次失败,就故步自封,止步不前,还会有作为吗?如果一次就能成功,那么成功的意义又在什么地方呢?成功之所以可贵正是因为它的来之不易,正是因为它是经历过无数次挫折后的结果。屡败屡战和屡战屡败,仅仅只是顺序的不同,但结果却足以改变一个人的命运。

2007年火爆一时的《士兵突击》,影响了很多人。"不抛弃,不放弃"这六个字贯穿了整部片子的始终。生长在下榕树的许家老三,被他爹一直骂成是龟儿子的许三多,若不是偶然的机会,史今带着他走出大山,进了部队,他恐怕还是个一事无成的许三多。在新兵连的时候他是最差的——站队列,踢正步,他样样不行;分连队,他去了最差的地方——草原五班。但许三多毫不气馁,在大家都松懈的情况下,只有他一个人练习，也是偶然的机会，他进了钢七连，这也是他人生的转折。失败一次次的到来，他总是人家眼里最差的，私底下他没有少练习，可是他就是不行，怎么也做不好。他想要放弃，可是他遇到了好班长，帮助他，鼓励他。他晕车，就叫他做单杠的腹部绕杠。最初他只能吊在单杠上，一个都做不了，掉下去了再爬起来，爬起来，又掉了下去，汗水一次一次打湿了他的衣服。他想过放弃，可是他还是坚持下来了，腹部绕杠打破了所有人的纪录。正是因为他的不放弃，许三多成功了。无数次的失败后，他仍能屹立不倒，他仍能坚持到底，完成许多天才都不能完成的事。

从最差到最好，许三多的成功，不是偶然，他坚强的毅力一次次令我们折服。一个被放弃的兵，一个被认为是全连耻辱的人，最终成为一个人人都举手称赞的兵王。

很多人都追求成功而害怕失败，一旦失败就会表现出一副愁眉不展的样子。实际上，失败并不可怕，关键是你对待失败的态度是怎样的，承认失败的客观性，并不是消极地被失败所左右。每个人都会有失败的时候，每失败一次，就代表我们离成功更近一步。只要你能够正确面对失败，它就会成为你成功的基础。

美国作家爱默生说："每一种挫折或不利的突变，都带着同样或较大的有利的种子。"面对挫折，我们应该正确处置，无论在任何时候，对于一个渴望成功的人来说，挫败是十分正常的事情，颓废是可耻的，重复失败则是灾难性的。失败为成功之母，要从挫折中吸取教训。不怕屡战屡败，就怕你不敢再战，我们要学会在失败中越挫越勇！

笑看失败，大不了从头再来

成功是人人渴望的，失败是人人避免不了的。面对困难毫无畏惧，勇敢地迎难而上，想方设法越过挫折，战胜困难，足以显示出一个人面对困难的强大。正如刘欢老师所唱的"看成败人生豪迈，只不过是从头再来……"

决定成功的因素有千万个，客观、主观上的因素都存在很多，哪一个因素没有顾及到，成功就会在哪里搁浅，人主宰不了客观因素，但主观方面只要奋斗了、尽力了，失败了就没有什么遗憾，战胜不了困难也没必要自责，可以从中吸取经验，从头再来，一样能够证明自己面对困难时的强大。

泰国的十大杰出企业家施利华应该算是一位传奇人物了，最先开始，他是一位股票投资者，当他在股票市场无所不敌时，他说我玩够了，我从此要进入另一个行业，于是他转入了地产业。时运不济的他，把自己所有的积蓄和从银行贷到的大笔资金都投了进去，在曼谷市郊盖了15幢配有高尔夫球场的豪华别墅。可是他的别墅刚刚盖好，亚洲金融风暴出现了，他的别墅卖不出去，贷款还不起，施利华只能眼睁睁地看着别墅被银行没收，连自己住的房子也被拿去抵押，还欠了相当一笔债务。

一段时间之内，施利华的情绪低落到了极点，老是在心里问："为什么一向无所不敌的我，会走上这样的一条失败之路，难道我就这样一生再也无所建树了吗？"几经周折，施利华决定重新做起。他的太太是做三明治的能手，她建议丈夫去街上叫卖三明治，施利华经过一番思索后答应了。从此曼谷的街头就多了一个头戴小白帽、胸前挂着售货箱的小贩。

很快施利华做小贩卖三明治的消息传了出去，人们纷纷在说，昔日亿万富豪施利华在街头卖三明治。由于很多人在传，所以在施利华那儿买三明治的人骤然增多，有的顾客出于好奇，有的出于同情。还有许多人吃了施利华的三明治后，为这种三明治的独特口味所吸引，经常来买他的三明治，回头客不断增多。随着时间的过去，施利华的三明治生意越做越大，他也慢慢地走出了人生的低谷。

曾有人问施利华，他是如何面对自己的失败的，如何及时调整自己的心态来面对这一切困难重新开始？对此，施利华说了这样的一段话："我只是把挫折当做发现自己思想的特质，以及思想和明确目标之间关系的测试机会。如果你真能了解这句话，它就能调整你对逆境的反应，并且能使你继续为目标努力，挫折绝对不等于失败，除非你自己这么认为。"

在1998年泰国《民族报》评选的"泰国十大杰出企业家"中，施利华名列榜首。作为一个创造过非凡业绩的企业家，施利华曾经备受人们关注，在他事业的鼎盛期，不要说自己亲自上街叫卖，寻常人想见一见他，恐怕也得反复预约。上街卖三明治不是一件怎样惊天动地的大事，但对于过惯了发号施令的施利华，无疑需要极大的勇气。

——摘自《为自己奋斗》

人的一生会碰上许多挡路的石头，这些石头有的是别人放的，比如金融危机、贫穷、灾祸、失业，它们成为石头并不以你的意志为转移；有些是自己放的，比如名誉、面子、地位、身份等，它们完全取决于一个人的心性。生活最后成就了施利华，它掀翻了一个房地产经理，却扶起了一个三明治老板，让施利华重新收获了生命的成功。

如果施利华不能正确地去对待失败，那么，他就不会有后来的成功，也不会再有以往的辉煌。成功往往不欢迎不会犯错误的人。因为如果你想避免失败，最根本的办法就是你不去做任何事情。当然这样做你何时也不

第二章
"苦痛"的碎石，是通往成功的路

可能成功，同时不犯错误并不能说明你的水平高、技艺好，而可能反映你根本没有去尝试新的东西。一个人要尝试创新，必须冒着失败的风险，最成功的创造者往往是那些失败相对较多的人。如果你想取得成功，那么，你就必然要经历更多的失败。

艾柯卡，美国汽车业无与伦比的经营巨子。曾任职世界汽车行业的领头羊——福特公司。由于其卓越的经营才能，使得自己的地位节节高升，直到坐到了福特公司的总裁位子。

然而，就在他的事业如日中天的时候，福特公司的老板福特二世却出人意料地解除了艾柯卡的职务，原因很简单，因为艾柯卡在福特公司的声望和地位已经超越了福特二世，所以他担心自己的公司有一天改姓为"艾柯卡"。

此时的艾柯卡可谓是步入了人生的低谷，他坐在不足10平方米的小办公室里思绪良久，终于毅然而果断地下了决心，离开福特公司。

在离开福特公司之后，有很多家世界著名企业的头目都曾拜访过艾柯卡，希望他能重新出山，但都被艾柯卡婉言谢绝了。因为他心中有了一个目标，那就是"从哪里跌倒的，就要从哪里爬起来！"

他最终选择了美国第三大汽车公司，克莱斯勒公司，这不仅因为克莱斯勒公司的老板曾经"三顾茅庐"，更重要的原因是此时的克莱斯勒已是千疮百孔，濒临倒闭。他要向福特二世和所有人证明，我艾柯卡不是那么容易对付的人！

接管克莱斯勒公司后，艾柯卡进行了大刀阔斧的改革，辞退了32个副总裁，关闭了16个工厂，裁员和解雇人员上升，从而节省了公司很大的一笔开支。整顿后的企业规模虽然小了，但却更精干了。另一方面，艾柯卡仍然是用自己那双与生俱来的慧眼，充分洞察人们的消费心理，把有限的资金全都花在刀刃上。根据市场需要，以最快的速度推出新型车，从而逐渐与福特、通用三分天下，创造了一个与"哥伦布发现新大陆"同样震惊美国的神话。

1983年，在美国的民意测验中，艾柯卡被推选为"左右美国工业部门的第一号人物"。

1984年,由《华尔街日报》委托盖洛普进行的"最令人尊敬的经理"的调查中,艾柯卡居于首位。同年,克莱斯勒公司营利24亿美元,美国经济界普遍将该公司的经营好转看成是美国经济复苏的标志。

有人曾经在这一时候呼吁艾柯卡竞选美国总统。如果说在福特公司的艾柯卡是福特的"国王",那么在克莱斯勒的艾柯克无疑就是美国汽车业的"国王"。

——摘自《永不言败的决心》

艾柯卡之所以能创造这么一个神话,完全是受惠于当年福特解职的逆境。正是因为这一挫折,才使艾柯卡的事业进入第二个春天。从艾柯卡的经验中,证明了一点:能正确面对挫折的人,也一定能从挫折中找到战胜挫折的机会。

很多人想成功,但又害怕失败,因此他们左右为难,犹豫不决。机会无声息地在这些人犹豫之时溜走,困难在这些人的举棋不定中依然存在。时间虽然在走,而人却没有进步。这种人面对工作、面对生活都是如此。

很多人之所以不成功,就是因为他们前怕狼后怕虎,想做却又害怕失败,失败了又怕经受不住打击,更没有重来一次的勇气。这些人很常见,他们会跟别人谈自己的理想,讲自己的抱负,把自己的人生蓝图描绘得有声有色,可就是不去采取任何行动,一直在原地踏步,这种人最终也不会有什么大的作为。

勇敢的人,不怕失败,因为他们有着大不了从头再来的勇气,当机立断开始行动,这样做要么克服了困难取得了成功,一下子成为了人上之人,要么就是失败了得到了教训,增加了下次成功的几率,对他们而言,无论成败,都是有所收获的。

笑看成败,从头再来。人生短短数十载,一次的跌倒并不能代表一生的命运,只要我们坚强地爬起来,我们就有机会继续向前拼。失败了并没有什么可怕的,豪迈一笑,从头再来,这才是真正精彩的人生!

第二章
"苦痛"的碎石，是通往成功的路

不经历风雨，怎么见彩虹

辽阔苍穹中飞翔的老鹰，必是经历了无数次摔下山崖的痛苦，才锤炼出一双凌空的翅膀。一颗璀璨无比的珍珠，必然经受过蚌的肉体无数次蠕动以及无数风浪的打磨，才能熠熠生辉。任何一个人的成功之路，都不会是笔直的，都要走些弯路，都要付出代价。

当我们朝着梦想之路前行时，难免会遭遇挫折，然而不要被它们打倒，只要我们积极思考，不懈努力，失败就会激起我们战胜它们的勇气，成为我们通往梦想之路的垫脚石。只有紧握梦想，不畏艰难，坚持走下去，才会看到希望，才会一步步靠近自己的梦想。要记住：一个真正有成就的人，也肯定是在无数次的跌倒后重新站起来的，因为"不经历风雨，怎能见彩虹？没有人能随随便便成功"。

司马迁自幼受其父影响，诵读古文，熟读经书，20岁就周游全国，考察名胜古迹，山川物产，风土人情，访求前人逸事掌故。后又继任太史令，得以博览朝廷藏书，档案典籍。太初元年司马迁根据父亲遗志着手编撰一部规模宏大的史书。

正当司马迁努力写作之际，不幸的事情发生了。天汉二年，名将李广之孙李陵率5000士兵出击匈奴。开始时捷报频传，满朝文武都向武帝祝贺。但几天以后，李陵被匈奴围困，寡不敌众，在士卒伤亡殆尽的情况下，被匈奴俘虏。前几天称颂李陵的文武大臣反过来怪罪李陵。司马迁替李陵辩护，触怒了汉武帝，被打入天牢。按照西汉的法律，大夫犯罪，可以用钱赎身，但司马迁家里贫穷，一时间拿不出那么多赎金；往日亲近的人，谁也不敢替他说情或帮忙，最后司马迁受到了宫刑。

出狱之后，司马迁担任中书令。这种职务历来都是由宦官担任的，对士大夫来说是一种耻辱。司马迁的朋友任安在狱中给他写信，表示对他的行为深感不解。司马迁回信说："我并不怕死，每个人都有一死，或重于泰山，或轻于鸿毛。如果我现在死了，无异于死了一只蝼蚁。我之所以忍辱苟活，是因为撰写史书的夙愿还没有实现啊！从前，周文王被囚于羑里才推演出《周易》；孔子被困于陈蔡才写出《春秋》；屈原被放逐于江南才写下《离骚》；左丘明失明之后才完成《左传》；孙膑被削掉膝盖骨才编著《兵法》；吕不韦被贬于蜀地才写出《吕氏春秋》；韩非被拘禁于秦才写出《说难》《孤愤》。我要效法这些仁人志士，完成我的书啊！到那时，就可以抵偿我的屈辱，即使碎尸万段我也没有什么悔恨了！"

经过20年的磨砺，司马迁终于完成了名垂千古的《史记》。

世上许多看起来不可能的事，只要你用乐观的心态去面对，这些问题都会迎刃而解。如果失败降临到我们头上，原先一些很容易办到的事情，看来仿佛难如登天，这是因为我们看待问题喜欢采用比较的方法，让我们觉得问题要比原先困难得多。许多因素一起作用，加上我们自己心情上的差异，就更容易陷入这个陷阱，所以别掉下去了。除非你放弃，否则你不会被打垮。

从古到今，凡成事者，成大事者，莫不受尽磨难，在磨难中完成自我教育。如此也水到渠成地成就了事业。在中国，肯德基快餐店几乎家喻户晓。在许多人眼里，其创始人哈兰·山德士是幸运儿，是成功人士。但是，又有几个人知道他成功前的艰辛呢？

　　山德士上校退役时，身无分文。当时，他已经65岁了。当他拿到第一张金额为105美元的救济金支票时，内心实在是沮丧到了极点。不过，他没有抱怨社会，也没有自怨自艾，而是试图找出解决的办法。那时，他手中拥有的资源其实就是一份家传的炸鸡秘方。

　　首先浮上这位上校心头的便是："您好，我有一份人人都曾喜欢的炸鸡秘方，不知道餐馆需不需要？而且，我这么做划算吗？"随即，他又想到："我真够笨的，卖掉这份秘方所赚的钱还不够我付房租呢！而如果顾客都喜欢吃我的炸鸡，如果餐馆的生意红火起来的话，也许我可以和餐馆达成协议，从中抽取利润分成。"

　　打定主意后，身穿白色西装，打着黑色蝴蝶结，一身南方绅士打扮的白发上校停在每一家饭店的门口，从肯塔基州到俄亥俄州，兜售炸鸡秘方，要求给老板和店员表演炸鸡。如果他们喜欢炸鸡，就卖给他们特许权，提供作料，并教他们炸制方法。

　　刚开始时，他的提议遭到了很多人的当面嘲讽："得了吧！你若是有这么好的秘方。干吗还穿着这么破旧的衣服？"但这些嘲讽之言丝毫没有让山德士打退堂鼓，因为他坚信一定能找到一家餐馆愿意跟他合作。所以，他不仅没有为前一家餐馆老板的拒绝而懊恼，反倒精心构思语言，以便让自己的提议更有说服力。他心想，也许敲开下一家餐馆的门时，他的想法就会被接纳。就这样，在之后的整整两年时间里，山德士上校开着那辆又旧又破的老爷车，足迹几乎遍及全美的每一个角落。当他的想法最终被接纳时，你可知道他已经被拒绝了多少次吗？整整1009次！——在他第1010次向别人提出建议时，才听到了一声"同意"。

　　历经1009次的拒绝，整整两年的时间，这样的失败经历，有多少人还能够克服？恐怕少之又少。对于大多数人来说，很难有几个人能受得了超过10次以上的拒绝，更别说100次或1000次的拒绝了。然而山德士上校做到了，所以他成了"肯德基之父"，而不是其他人。

　　冰心说："成功的花，人们只惊慕它现时的明艳！然而当初它的芽儿，浸透了奋斗的泪泉，洒遍了牺牲的血雨。"所以我们每个人面对不幸时都不能一蹶不振，因为我们都有可能在改变心态后，握住生命的任何一根链条。在每一次面临挫折的时候，我们都要告诉自己：不经历风雨，怎能见彩虹！

接受现实，奋勇前行

在我们的生活中，有成功和欢乐，也有挫折与痛苦。正如天气变化一样，有阳光灿烂，也有阴雨连绵。人生是在困难、失败、不幸的考验中走向成熟的。璀璨的钻石源于河床的冲刷；辉煌的人生得自挫折的考验。人生难免会遇到挫折，没有经历过挫折的人生是不完整的。

挫折不可避免。对于既成的事实，逃避是不可能的，我们所能做的是"接受不能改变的，改变可以改变的"。客观事实无法改变，对于挫折只能去面对，并在面对中得到超越，这是克服挫折、提升自我的关键前提。挫折会给人以打击，但若在打击中沉沦，难免与成功的目标不符。不在沉默中爆发就在沉默中消亡，同样，不在挫折中奋勇前行就在挫折中沉沦苦海。

霍兰德说过："在最黑的土地上生长着最娇艳的花朵，那些最伟岸挺拔的树木总是在最陡峭的岩石中扎根，昂首向天。"是的，并非每一次不幸对我们来说都是灾难，曾经的逆境通常是一种幸运，与困难做斗争不仅使我们的人生得到磨炼，也为日后更为激烈的竞争准备了丰富的经验。

著名演员成龙，他的父亲是香港法国领事馆的一名小职员，因为转到澳大利亚的美国领事馆工作,不能够带上孩子一起去,六岁多的成龙就被送到京剧泰斗于占元那里寄宿学艺。七岁时,成龙的父亲到了澳大利亚。一年之后,母亲也到了异国,每两年才回香港一次,留成龙一个人在香港独自寻求"生存之道"。

成龙跟随师傅学艺的时候,六十几个小朋友挤在一起住宿,共同使用一个洗手间,他们从来不刷牙,因为没有时间。脚上的鞋子一个星期都不脱下来,奇臭无比。每个孩子的头上都生满了癞痢疮。他们就像一群孤儿一样,每过一段时间就会排队去红十字会领取分发的米、奶粉等救济品。

这班小学徒,每天早上五点就要起床,一直练到半夜12点。由于太累,需要争取睡眠时间。五小时的睡眠对于成长中的小孩儿来说真的是太少了。所以很多时候,成龙在压腿时都会打瞌睡;其他人在读书的时候,他就坐在教室后面睡觉。

师傅是位"严师",时时打学徒,每个都打,天天都打,只有过年过节时才会稍微停手。然而,成龙和他的师兄弟元彪、洪金宝等人,又常常在街上惹是生非。因为他们剃光头,被很多人认为不吉利,便向他们丢石头,正好让这群孩子有了一个发泄的机会,于是他们蜂拥过去,把挑衅者打得头破血流。

为了给师傅挣钱,成龙等人在邱德根经营的荔园游乐场表演,一做就是数年。从八岁开始,成龙就开始以童星加入电影圈跑龙套。他的第一部影片是李丽华主演的《秦香莲》。

17岁,成龙正式出师。他曾说:"刚出师时,在潜意识中对父母有些怨恨,他们为什么到澳大利亚去了不理我?其他师兄弟,每个星期,至少在两个星期内,就有家人来探访,带他们出去,而我则没有。"

由于早年练功时痛苦的磨炼,使得成龙在后来的岁月中敢于打拼,成为著名演员。

第二章
"苦痛"的碎石，是通往成功的路

"自古英雄多磨难，从来纨绔少伟男"，挫折是成功者的摇篮，奇迹多在厄运中出现，逆境是达到真理的通路。在经历挫折时，我们应该知道，生活是勇气探出来的、闯出来的。英雄的成长，除了要有大无畏之斧，还得有智慧之剑，最终的成功总是不屈服者的战利品！

顺境虽然能够帮助智者找到最佳位置和最好的感觉，"百尺竿头更进一步"，一个个台阶向上登攀，却也会使愚人忘乎所以，得意忘形，不但不向前反而向后退，一直从峰顶滑向深渊。要想让自己得到历练，必须要在逆境中进行。

俗话说："生于忧患，死于安乐。"逆境却能激发人们的潜能，使其得到最大的发挥。因为逆境并不是绝境。虽然它在一定程度上会给人增加焦虑、忧愁、痛苦，但是，对于强者来说逆境却能磨炼他们的意志，激发他们自身的潜力，让他们的视野更加开阔，让他们的灵魂得到升华，从而使他们在事业上有所建树。生活中，一个可以比常人更能吃苦的人，必然可以做常人不能做的事。

可口可乐的总裁古滋·维塔是一个古巴人，40年前他随家人匆忙离开古巴，来到了美国。当时身上仅带了40美元和100股可口可乐的股票。

然而40年后，这个古巴人，竟然能够领导可口可乐公司，而且让这家公司在他退休时扩大了7倍，使可口可乐股票值长了30倍！

他在总结自己时，说了这样一句话："一个人即使走进了绝境，只要你有坚定的信念，抱着必胜的决心，你仍然还有成功的可能！"古滋·维塔的一生经历了很多坎坷，但都被他一次又一次地超越了。

只有迎着风，风筝才可以飞得更高；只有迎着命运的挑战，我们才可以走得更远。在追寻成功的征程中，能忍受挫折与坎坷，敢于向困难挑战，就不会有被挤垮的危险。挫折就是一块锋利的磨刀石，我们的生命只有经历这块磨刀石的磨炼，才会放出锋利耀眼的光芒。

"不经历风雨，怎能见彩虹？"多少浴血的跌倒与爬起，多少历尽艰辛的求索，就仿佛花开花落一般，为我们今后的人生增添了无数的经验。不要畏惧挫折，经受了挫折，我们的双腿会更加有力，人生的足迹能更加坚实。

古语云："天将降大任于斯人也，必先苦其心志，劳其筋骨，饿其体肤，空乏其身，行拂乱其所为，所以动心忍性，曾益其所不能。"所以，如果你身处顺境，请走出"温室"，拿出勇气迎接困难和挑战；如果你身处逆境，也不要气馁，要勇敢地克服困难。正如人们常说："苦难是所学校。"而学得好坏要看自己。

第三章
失败不可怕，再站起来就是成功

俗话说得好："失败是成功之母。"生活中我们常常失败，但一次的失败并不代表永远失败。人生之路坎坎坷坷，失败难免，但我们千万不要惧怕，只要努力战胜它们，成功之门必然会敞开，我们就会见到胜利的曙光。

扼住命运的喉咙

人生的道路上,我们每个人都不可避免地面对各种风险与挑战,结果有成功,也有失败。不过,人生的胜利不在于一时的得失,而是在于谁是最后的胜利者。没有走到成功的尽头,我们谁也无法说我们到底是成功了还是失败了。所以我们在生命的任何阶段都不能泄气,都要充满希望!不要因为痛苦而放弃你的选择。所谓的成功人士,无非是比别人多付出,多经历了磨难的人罢了。不因痛苦而放弃你的选择,你才能成功。

古人说:"胜败乃兵家常事。"在生活中谁也不可能一直是胜利者,只有能够承受住失败的摔打,经受住失败的磨难,才会成为生活的强者,才有可能再次成功。

想赢不怕输。每个人都想赢,而你是否想过,你是真的不怕输吗?不怕输才是能赢的关键。只有你不怕输,你才能赢。每个运动员都想赢,但做到不怕输,太难了。想到最坏的结果,并且努力去赢,往往就成功了。

对"英皇集团"的老板杨受成来说,每年的8月30日是一个非常重大的纪念日。数十年前的这天,他一无所有,全身最有价值的就是一块手表。

事隔多年,已经拥有了10亿港元身价的杨受成在讲起这段经历时,心情很平静:"那天,汇丰(银行)打电话给我,叫我立即去当时的汇丰总行。我到了那里之后,他们递给我了一封信,然后又告诉我要接管我所有的财产。除了公司、房子、汽车之外，我身上的信用卡都要拿来抵债。当时我身上只剩下了一只手表。"

在这之前，年仅40岁的杨受成，已经拥有了一家属于自己的上市公司——"好世界市场高效有限公司"。杨受成春风得意，活跃在香港的钟表界、珠宝界、地产界及至股票市场。

然而天有不测风云。1982年年初，香港地产业出现了危机。杨受成的公司因为把所有的资金都押在了房地产事业上，从而陷入了财务危机中，后来公司又破产了。汇丰银行接管了他的公司和他的所有私人财产。

杨受成后来回忆说："破产之后的巨大反差的确使人痛苦失落，倘若我的性格不够坚强，我早已看不开了，即使是这样我仍然没有放弃的念头，我相信我会有翻身的一天，我相如果有重新出头的机会，我就一定要做好。起码要做些事给别人看，我不是一跌倒就爬不起来的人，我是一个打不死的老兵。我要努力，比以前更勤奋，要夺回失去的一切东西。"

凭着这种不服输的信念，以抵押和借贷开始，杨受成的"宝石城珠宝有限公司"开业了。数年之后，东山再起的杨受成事业比跌倒之前更加辉煌了。

在这个世界上，没有永远的成功者，也没有永远的失败者。在失败面前永不放弃的人，最后肯定能够成功；在成功面前志得意满的人，最终难免遭受失败的打击。只有那些经历过无数次失败，又在失败中勇敢站起来并获得成功的人，才是真正的成功者。

在自己的人生长河中，人要经历无数次这样和那样的事情，其中有成功有失败、有喜悦有悲哀、有获得有失去、有欢笑有泪水，无论是平坦还是坎坷，无论是顺利还是曲折，不在于事情本身的好坏，不在于世人的评说与否，关键在于自己对待失败和成功的态度，在失败面前不放弃，在成功面前不骄傲的人，才能让自己持续成功下去。

很多人一旦遇到自己难以做到的事情就会失去信心，选择放弃。这些人却忽略了一点：即使遭遇一百次失败，第一百零一次也有可能会成功。

在一场火灾中，一个小男孩儿被烧成重伤。医院全力以赴挽救了他的生命，但他的下半身却毫无行动能力，没有任何知觉。医生悄悄地告诉他的妈妈："孩子以后只能靠轮椅度日了。"

出院以后，妈妈每天都推着他在院子里转一转。

有一天，天气十分晴朗，妈妈推着他到院子里呼吸新鲜空气，然后妈妈有事暂时离开了。天空是如此的美丽，蓝得好似水洗过一般。风儿轻柔地吹着，草地上盛开着各色的小花。男孩儿的心如同从沉睡中醒来，一股强烈的冲动从他的心底涌起：我一定要站起来！他奋力推开轮椅，然后拖着无力的双腿，用双肘在草地上匍匐前进。一步一步地，他终于爬到了篱笆墙边。接着，他用尽全身力气，努力抓住篱笆墙站了起来，并且试着扶住篱笆墙行走。未走几步，汗水从额头淌下。他停下来喘口气，咬紧牙关，又拖着双腿再走，一直走到篱笆墙的尽头。

每一天，他都要抓紧篱笆墙练习走路。可一天天过去了，他的双腿始终无力地垂着，没有任何知觉。他不甘心因于轮椅的生活，紧握拳头告诉自己，未来的日子里，一定要靠自己的双腿来行走。终于，在一个清晨，当他再次拖着无力的双腿紧抓着篱笆墙行走时，一阵钻心的疼痛从下身传了过来。那一刻，他惊呆了——自从烧伤之后，他的下半身再也没有任何知觉。他怀疑是自己的错觉，又试着走了几步。没错，那种钻心的疼痛又一次清晰地传了过来。他的心狂喜地跳动着。在他不懈的努力下，他的下肢开始恢复知觉。

自此以后，他的身体恢复得很快。最后终于能够独立行走，并且可以跑步了。他的生活与一般的男孩子再无两样。他读大学的时候，还被选进了田径队。当他健步如飞时，没有人知道他曾经是一个被医生宣告要终身与轮椅为伴的孩子。

——摘自《人定胜天》

凤凰涅槃获得新生，正是因为经历了强烈的痛苦，然后才有着震撼人心的美丽。一个人的成功并不是偶然的，他是踩着无数的失败和痛苦走过来的，别人看到的只是他今天的光辉和荣耀。只有他自己知道，在他通往成功的路上，有多少被荆棘扎破留下的斑斑血迹。

　　真正的强者会用毕生的经历去完成自己的梦想。他知道，要化茧成蝶，必须要经历千辛万苦，像黄河入海那样曲折。真正的强者想赢，只不过他们不怕输。弱者总以为想赢就能赢，他们见不得"输"字，以为输是一件很丢人的事，会遭到别人的冷嘲热讽。其实不然。真正的强者从来不畏惧失败。因此，不管什么事，我们都不要害怕失败，更不要放弃，因为只有敢于向困难挑战的人，才能扼住命运的喉咙，成为生活的主人。

要顶得住失败，扛得起人生

失败是人生艰难而又重要的一课。无数次失败的尝试后，破茧而出的那一只勇敢的蝴蝶，双翼上洒满了太阳璀璨的光芒，从此世界就属于它。面对失败，如果你以百折不挠的意志去对待，相信"天生我材必有用"，你就会顺利地从痛苦的束缚中挣脱，将自己的生命之舟驶向更加美丽的成功彼岸。

从某种意义上来说，人生就是在失败与挣扎中求生存的综合体。你也许会认为，失败只是匆匆过客，可以毫不在意；也许会认为失败了，天塌了，一切都完了；也许会觉得，失败算什么，下一次你肯定不会再犯这样的错误了。人生几多风雨，但相信过后总有彩虹。

古代寓言里也曾告诫我们"塞翁失马，焉知非福"，因此，如何看待失败，如何攻克失败这道难关，就是衡量一个人最终是否能从渺小走向伟大、从失意走向成功的重要标志。并且始终坚信，在失败的压力面前仍然能昂首挺胸的人，才是值得拥有世界的人，也只有他们，得到了上帝的欣赏。

美国大化学家汉弗莱·戴维做实验时总是事必躬亲。有一次戴维分解钾、钠等碱金属的时候，经过几个月紧张危险的实验，在最后一次实验中，发生了意外爆炸，戴维当场被炸昏过去。

第三章
失败不可怕，再站起来就是成功

当戴维苏醒过来的时候，觉得面部剧痛，用手一摸，纱布？他微微睁开眼，看着窗外久违的阳光，总觉得不对劲，他觉得左眼和右眼并不在同时看，于是用手在左眼前晃了一晃，什么也看不见！医生告诉他：他面部70%被炸伤，左眼失明。

戴维一听，顿觉天昏地暗，又昏了过去。当他再次醒来时，开始重新考虑自己的未来，想了许久，他还是觉得一定要把事业进行下去！他还有一双健康的手，右眼还可以看见东西，这就够了！

从医院出来后，戴维马上钻进了实验室，不顾再度爆炸的危险，重新投入了实验。终于，戴维成功了。当戴维回忆那段"悲惨历史"时，说了一句话："感谢上帝没有把我造成一个灵巧的工匠，我最重要的发现是由失败带来的启示。"

伟大的汽车发明奇才吉德林曾说："发明家几乎随时都会失败！"他强调发明家难免失败，因为他自己便尝过上千次的失败！失败难免，重要的是从失败中吸取教训，从失败中积累经验。所谓"吃一堑，长一智"。一败再败的人，又怎能不智慧过人呢？难怪许多成功的人物经过上百次上千次的失败后，利用失败激励自己，结果成为成功的人！

失败是个消极的字眼，但是不可避免，我们每个人在人生的道路上，都会或多或少地遇到它。我们之所以会害怕失败，是因为我们或许从未想到过自己走向成功。爱默生说："一心向着自己目标前进的人，整个世界都给他让路。"勇敢地向着自己要去的方向，不惧怕失败所带来的压力，以积极的心态去对待，还有什么可怕的呢？有时候，失败的压力是事业取得成功的重要因素！

1929年，在美国一个贫民窟里出生了一位享誉世界的著名传奇式人物，他就是著名的推销奇才乔·吉拉德。说起他的成长经历可谓百般曲折。他从懂事起便开始给人家擦皮鞋，后又做报童，还做过洗碗工、送货员、电炉装配工和住宅建筑承包商等。据他讲：35岁以前的他，可以说是一无所成，没有任何成就。甚至他还欠了一身的外债，很多朋友弃他而去，就连妻儿的生活费用都成了问题。由于他还有严重的口吃，以致他换过四十多个工作仍一无所成。最后，他去一家汽车店里做汽车推销业务，步入了他的推销生涯。

从做起推销的那一刻起，"你认为自己行，就一定能行"成为他创业的思想支撑。他相信自己一定能做得到，他以极大的热忱投入到狂热的推销工作中：不管在街上还是在商店里，他逢人就送名片，抓住一切机会，推销汽车产品，推销他自己。虽然他无数次地被人拒绝，也曾因此招来同事的嘲笑，但是他从没有放弃。

三年过后，他成为全世界最伟大的销售员。而三年前的他背了一身外债，几乎走投无路，处于绝望之境，这短短的三年内他不仅改变了自己窘迫的生活，还被吉尼斯世界纪录评为"世界上最伟大的推销员"。乔·吉拉德至今还保持着销售产品的世界纪录——平均每天卖出六辆汽车！他被欧美商界称为"能向任何人推销出任何商品"的传奇人物。

仔细分析不难发现，乔·吉拉德成功的要素主要有：首先，他选对了方向。然后，他坚持不懈，顶住了压力，具有胜不骄、败不馁的精神。所以，他做到了，他成功了！

人的一生会碰上许多挡路的石头，这些石头有的是别人放的，比如金融危机、贫穷、灾祸、失业，它们成为石头并不以你的意志为转移。有些是自己放的，比如名誉、面子、地位、身份等。它们完全取决于一个人的心性。生活最后成就了乔·吉拉德，它掀翻了一个一事无成的人，扶起了一个世上最伟大的推销员，让乔·吉拉德重新获得了生命的成功。

在人生的事业之路上，我们遇到了太多可怕的巨石，使我们一次又一次地堕入失败的苦难深渊。但是，面对失败，如果你以百折不挠的意志去对待，相信"天生我材必有用"，你就会顺利地从痛苦的束缚中挣脱，将自己的生命之舟驶向更加美丽的成功彼岸。

人生难免起起伏伏，没有经历过失败的人生并不完整。没有狂风暴雨的震撼，哪里会有大树挺拔的身姿，没有砂粒的磨砺，哪里会有珍珠的华彩。正因为有失败、有挫折，世界才会选择投入谁的怀抱。是勇士，就要承受住压力，经受住考验；是勇士，就要顶得住失败，扛得起人生。

人在逆境中更容易发奋崛起，压力造成了无数悲剧，同时也造就了许多人才。科技发达的现代，许多人都不清楚每天忙碌着是为了什么。安逸的生活让很多人失去了理想的方向，许多人沉浸于幸福的生活无法自拔。压力就如同警钟，唤醒了那个沉睡已久的梦想，激发了人们前进的动力。

苦难对于天才是一块垫脚石，对于强者是一笔财富，对于弱者是一个万丈深渊。不要让失败阻止你事业前进的步伐，如果你的工作是只木舟，就让失败这场暴风雨来检验它的牢固程度吧！只要在压力之中你仍能昂首挺胸，失败，又算得了什么呢？

在失败面前，多一分坚持

爱迪生发明灯泡时经历了上千次的失败，但他从不气馁，每次面对失败，他总是乐观地想：我又知道了一种不能用做灯丝的材料。他从不放弃，直至成功。如果他当初失败几次后就半途而废了，那么我们今天就无法体验到电灯带给我们的光明和便利。贝多芬晚年双耳失聪，但他没有自暴自弃，而是利用骨传声依然坚持创作。如果他因失聪而不再对生活充满信心，我们将无缘听到那些美妙的乐章。

他们的故事让我们深深懂得了：在我们遇到困难和挫折时，总会有一个美丽的天使来帮助我们走出困境，它的名字叫坚持。成功的秘诀其实就在于此，只要我们能在失败面前比别人多坚持。要始终坚信：在希望渺茫之际，很可能就是柳暗花明之时。

法国作家凡尔纳年轻时写的第一本书，是名为《气球上的五星期》的科学幻想小说。

当他满怀憧憬地将自己的处女作送给一家出版社时，总编辑翻了书稿后，感到书中说的尽是不切实际的幻想，而且写作手法离经叛道，便拒绝出版。

在一连被15家出版社拒之门外之后，凡尔纳开始灰心丧气。他坐在火炉旁撕手稿，一张一张地往火炉里扔。幸亏他的妻子发现，才阻止了他的焚书行为，并劝他再试一次。于是凡尔纳第二天又将书稿整理好送到第16家出版社。出乎意料，这家出版社独具慧眼，不仅立即给予出版，而且与凡尔纳签订了为期20年的约稿合同，要凡尔纳把今后写的全部科幻小说交给他们出版。

《气球上的五星期》出版后，立即轰动文坛，凡尔纳一举成名。

——摘自精英家教网www.1010jiajiao.com

成功往往就在于"再坚持一下"。试想，凡尔纳如果没有投稿到这第16家出版社，还会有这部不朽的传世名作吗？还会有大作家凡尔纳吗？

美国华盛顿山的一块岩石上，立下了一个标牌，告诉后来的登山者，那里曾经是一个女登山者躺下死去的地方。她当时正在寻觅的庇护所只距她100步而已，如果她能多撑100步，她就能活下去。这个事例提醒人们，倒下之前再撑一会儿。胜利者，往往是能比别人多坚持的人。即使精力已耗尽，人们仍然有一点点能源残留着，用到那一点点能源的人就是最后的成功者。

有一个年轻人一直想去一家公司工作，但是人事主管告诉他暂时不需要新员工。于是年轻人每天都给那家公司写信，信里面只有一句话：请给我一份工作。就这样，坚持了250多天后，那家公司的人事主管回信告诉他：明天到公司来报到。对于这件事情，人事主管是这样解释的："一个能坚持不懈写250封信的人，我相信他能做好任何工作。"

往往，再多一点努力和坚持便会收获意想不到的成功。以前做出的种种努力，付出的艰辛便不会白费。令人感到遗憾和悲哀的是，面对一而再、再而三的失败，绝大多数人选择了放弃，没有再给自己一次机会。

查德威尔是第一个成功横渡英吉利海峡的女性。然而她并没有满足，决定从卡塔林岛游到加利福尼亚。行程十分艰苦，刺骨的海水冻得查德威尔嘴唇发紫。她快坚持不住了，可目的地还不知道有多远，连海岸线都看不到。越想越累，渐渐地她感到四肢有千斤那么沉重，自己一点劲都使不上了，于是对陪伴的船上工作人员说："我快不行了，拉我上船吧！"

"还有一海里就到了啊,再坚持一下吧。"

"我不信,怎么连海岸线都看不到啊!快拉我上去!"看她那么坚持,工作人员就把她拉上去了。快艇飞快地往前开去,不到1分钟,加里福尼亚海岸线就出现在眼前,因为大雾,只能在半海里范围内看得见。查德威尔后悔莫及,居然离成功只有一海里!为什么不听别人的话,再坚持一下呢?

"水滴石穿,绳锯木断"。小小的水滴怎么能把坚硬的石头滴穿呢?细细的绳子又怎么能把硬梆梆的木头锯断?这里的奥秘就是坚持。一滴水的力量很小,但是许许多多的水滴不懈地冲击石头,日复一日,年复一年,再坚硬的石头也会被滴穿。同样道理,如果用绳子不停地锯木头,木头最终也会被锯断。这就是坚持的力量。

我们常常羡慕那些取得成功的人,但我们看到的只是他们成功后的辉煌,却没有留意他们为成功所付出的努力。每个人的成功之路都不可能一帆风顺,当我们遇到困难、遭遇失败的时候,不要灰心丧气,记住:只有坚持才会胜利。

拿破仑曾经说过:达到目标有两个途径——势力与毅力。势力只有少数人有,而毅力则属于那些坚韧不拔的人,它的力量会随着时间的发展而强大到以至无可抵抗。无论何时,我们都应该信心百倍地去全力争取人生的幸福和成功,并永远激励自己:离成功我只有一步,只要再多坚持一下!

从失败中找到适合自己的路

人的一生，活得困顿与洒脱，有很大一部分取决于他是否找到一条适合自己的路。有些人做着自己并不擅长或并不喜欢的事，结果一生总是处在失败之中，到最后也都是碌碌无为。真正适合自己的路，只有自己知道。找到一条适合自己的路，你就会实现自己的价值，有几分热就发了几分光，你也在适合自己的条件下大显身手。

这个世界原本是有属于每个人站立的位置、适合每个人走的路，只不过有的人很幸运地一下子找到了，而有的人要在失败中摸索许久才能找到而已。可很多人在寻找的过程中，遭遇了一次甚至几次的失败，渐渐让自己迷失了前进的方向。

除此之外，还有一重打击，那就是我们周围很多人都瞧不起失败者，认为只有成功的人才值得尊敬。但事实上根本就没有所谓的失败者，那些失败者只不过还没有找到适合自己的路而已。

著名诗人济慈本来是学医的，在医学院里他的成绩非常差，常常受到同伴的嘲笑。但后来他发现自己有写诗的才能，就放弃了学医，把自己的整个生命都投入到写诗当中。虽然他只活了二十几岁，但却为人类留下了许多不朽诗篇。

聪明的人懂得失败者的价值，他们从不小看失败者，在他们眼里，失败也是值钱的，失败的人并不是一文不值。

所以，千万不要轻视失败，失败会让一个人受益匪浅。因为失败最大的价值是能帮助自己避免再次失败。不要轻看失败的人，更不要小瞧失败的自己，要相信每一个生命都具有生存的力量，每个生命也都有自我发展的空间。

在求学的道路上，派瑞斯一直遭遇失败与打击，高中时的老师还曾经对他的母亲说："派瑞斯恐怕不适合读书，他的理解能力实在太差了。说实话，我都想不出这孩子将来能做什么。"

派瑞斯的母亲听见老师这么说，非常伤心失望，她带着派瑞斯回家，决定要用自己的力量，好好地培养他成才。但是，不管母子俩怎么努力，派瑞斯对于读书实在有心无力，但孝顺的他为了安慰母亲，即使读得再吃力，也从来没有放弃过。

这天，读书读得心烦的派瑞斯，路过了一家正在装修的超市，发现有个人正在超市门前雕刻一件艺术品。

没想到，派瑞斯这一看居然看得出神，停下脚步好奇而用心地观赏着，且产生了极大的兴趣。

此后，母亲发现派瑞斯只要看到一些木头或石头，便会认真而仔细地按照自己的想法去打磨、塑造，但是对于读书一事，却开始放弃了。

母亲着急地劝他，最后派瑞斯不得不听从母亲的叮咛继续读书，只是已经着迷于雕刻世界的他，却一直无法放下手中的雕刻刀。

派瑞斯最终还是让母亲彻底失望了，当落榜通知单寄到家中后，母亲对他说："你走自己的路吧！你已经长大了，没有人必须再为你负责。"昔日的同学也都讽刺他说："废物就是废物，怎么扶他也站不住的！"

派瑞斯知道，自己在母亲和所有人的眼中都是个彻底的失败者，他在难过之余作了最后决定，要远走他乡，寻找自己的未来。

许多年后，有座城市为了纪念一位名人，决定在市政府门前广场上放置名人的雕像，当地的雕塑师纷纷献上自己的作品，希望自己的大名也能与这位名人联系在一起。但是，最后评选的结果，却是一位远道而来的雕塑师胜出。

在落成仪式上，这位雕塑大师发表了讲话："我想把这件雕塑作品献给我的母亲，因为，我读书时无法实现她的期望，我的失败更令她伤心失望过。但是，现在我想告诉她，虽然大学里没有我的位置，可是，现在我总算找到了一个位置，一个成功的位置。母亲，今天的我绝对不会让您失望了。"

原来这位雕塑大师竟然是派瑞斯，他的同学和邻居都惊讶得目瞪口呆，说不出话来，而站在人群中的母亲更是喜极而泣，她终于明白了，儿子原来并不笨，只不过是一直没有找到一条适合自己的路。

当派瑞斯的同学放肆地嘲弄他时，他们一定没想到"废物"竟然会变成雕塑大师，当派瑞斯的母亲让儿子去走自己的路的时候，她实际上已经放弃了他，认为他这辈子再也不会有什么出息。但派瑞斯却出人预料地取得了成功。

日本三泽屋的社长有一句意味深长的话："我从来都不信任那些一生都没有失败过的人，也不会把重任交给他们！"没有经历过失败的人如同没有经过打造的生铁，永远都成不了钢。无独有偶，哈佛商学院的知名教授约翰·利特也说过："如果一个人在32岁之前就经历了重大失败，可能别人会看不起他。现在，如果一个人到了32岁还没有经历失败，我会为他担心。"

这些话是经营者和管理者择人的一大标准，它们也应该成为我们自我激励的金玉良言。我们不可避免地会遭受大大小小的失败，但是不要因此小看自己，要记住"失败也值钱"这句话。前一次的失败能让我们避免下一次的错误和损失，让我们更加深刻地思考未来自己要走的路……

请不要惧怕失败

失败了就重新开始,没什么大不了!一个失败者不一定能转变成一个成功者,但一个成功者,一定曾经是一个失败者。爱迪生说:"失败也是我需要的,它和成功一样对我有价值。只有在我尝试了所有的错误方法以后,我才知道做好一件工作的正确方法是什么。"从某种意义上说,没有失败,就没有成功。有时成功就像诱人的金矿,而失败就像裹在金矿外面的一层层坚硬的岩石,敲碎一层岩石,就离金矿越近。

有位年逾70岁的老太太爱上了登山运动,在随后的25年里,攀登过许多名山。登山运动不但治好了她的哮喘病,还锻炼和坚定了她的信念和毅力。

有位朋友劝她说:"我们这个年纪可算是到了人生的尽头,还是想着料理自己的后事吧!"

可她说:"我的后事就是还想登更高的山。"后来在她95岁那年,终于登上了日本有名的富士山,打破了攀登此山的最高年龄纪录。

她就是著名的胡达·克鲁斯太太。克鲁斯太太就是一个敢于拥抱成功的人,她不但知道自己在做什么,还热爱自己做的事,相信自己做的事。

——摘自《成功不难》

同样,我们发现,一个人只要不怕失败,能从失败中汲取智慧,也能成功。

第三章
失败不可怕，再站起来就是成功

俄国伟大的作家列夫·托尔斯泰大学毕业后，选择了边读书边创作的道路，可是苦苦奋斗了四年，一篇作品也未发表。他从失败中找到了原因，发现是自己的生活基础太差所致。不熟悉生活，怎么能反映社会深处的奥秘，刻画出栩栩如生的人物形象呢？找到失败的原因后，他毫不犹豫地来到高加索，参加了前线部队：四年的军旅生活，为他后来的文学创作打下了坚实的生活基础。

托尔斯泰创作的《战争与和平》等名著忠实地反映了俄罗斯当时的社会生活，达到了现实主义文学创作的最高水平，轰动了世界文坛，这正是不怕失败的结果。

哲人说："失败的次数越多，离成功就越近。"在杰出的成功者眼里，失败有两重性，它既能给人带来损失和痛苦，也能给人带来激励、警觉、奋起和成熟。他们总是把一次次失败，或者说把敲下来的一块块岩石，都视为成功的分子。

我们常常发现一个失败者不一定能转变成一个成功者，但一个成功者，一定曾经是一个失败者。一个成功的人，他成功的历史，其实也是一部失败的历史。据说，世界上著名的成功人士所做的事情中，成功与失败的比例是1∶10，也就是说，他们几乎要失败10次，才会换来1次成功。不信你去问问那些成功的人，他们经历的失败都多于成功。华盛顿打的败仗比他打的胜仗多得多，但他最终成功了。刘邦和项羽交战中，几乎是屡战屡败，最惨的时候，连夫人都当了项羽的俘虏。但是，刘邦输得起，屡败屡战，终于在垓下一战，用韩信的十面埋伏把项羽打败。

一个人愈不把失败当作一回事，失败就愈不能把他怎么样，他就愈能成功。一个人如果愈害怕失败，失败就愈会缠住他，他就愈难摆脱失败。所以，别怕失败，这样才能慢慢走向成功。

10年打工苦读，终于考进自己想上的大学，她的成功就在于——不在意自己的失败。2012年，广东一所大学迎来了一位特别的新生。她就是为此奋斗10年，一边打工一边学习，经历了九次高考的河南考生苏阳。

失败了，别太在意。第三次高考，没有考上心仪大学的苏阳面对落榜的现实，她拂去失败那一刻带给自己的失落，看着与自己第一年一起参加高考的同学都已经大学毕业找到好工作甚至有的已结婚成家之时，她反而更加坚定了自己的理想。

同学都劝她放弃，可她说："2003年没考上后，我的想法反而高了，既然付出这么多就要考个好学校，从2004年起，我一直在报广东那所心仪的大学，相信我吧，会考上的。"不在意失败，不在意年龄，不在意周遭的非议，她只知道自己要实现对艺术的追求，用知识改变命运。而不是做现代版的范进，也不要学孔乙己。

她于是把一年分成三个部分：12月到次年3月，在北京上培训班，参加专业课的学习和考试；3月到6月，回高中补习文化课，参加高考；夏秋两季，打工赚钱供自己学音乐和生活。她心中的梦想就这样日益坚定了。

"我从小就爱好音乐，将来一定要考上音乐学院。"这是苏阳说过的话，如今她实现了自己的愿望，可是又有谁知道，2011年苏阳是因为一分之差与心仪大学失之交臂的。当时这种失败对于经历了七次高考失败的苏阳来说，该是一件多么令人惋惜的事情。如果她在经历几次落榜后太在意失败，听从了亲友的劝告不考了，找个人结婚，或许她已经是一个有着低收入、过早承受着生活重压的年轻母亲了。

永不言败和善于对失败进行总结是成功者的基本特征。如果没有失败，我们可能就什么也学不到。说到底，失败并非是什么坏事，因为每一次失败，都孕育着成功的萌芽，每一次失败都将使我们更靠近成功。如果我们不曾失败过，为了成功，我们也应该勇敢地去尝试一下失败的滋味。在尝试时，要告诉自己：我在什么地方跌倒了，就要在什么地方爬起来，以后也许还会跌跤，但决不会在原先的这个地方。

其实，成功根本没有我们想象的那么难，只不过有太多的人被挫折和失败吓倒了，所以才会觉得成功离我们太过遥远。只要我们不去在意曾经的挫折和失败，把目光朝前看，那么总有一天能获得成功！

失败是成功之母

"失败是成功之母,是成功的先导",这句话人家早已耳熟能详。但真正能领会其中含义的人,却是少之又少,因而不是每个人都能如愿地走向成功。只有那些正确看待失败的人才能取得成功。

通常我们做一件事情失败了,无非有三种可能性:一是我们选择的方向有误,所以需要另外选择自己正确的方向。二是我们在哪些方面还没有准备好,所以应该想办法解决。三是还没做到头,但我们中途就退了下来,所以我们应该坚持下去,做到永不放弃。只要我们把以上三点都一一做到了,那么成功就没有什么不可能的了。

有位名人曾说过:"失败有什么可怕呢?成功与失败,相隔只是一线。即使你认为失败了,只要有'置之死地而后生'的心态、自信意识,还是可以反败为胜的。有人说,过分自信也会导致失败,但所否定的只是'过分',而不是自信本身。如果你不是怕丢面子,怕别人说三道四,那么失败传递给你的信息只是需要再探索、再努力,而不是你不行。"

事实正如那位名人所说的那样,我们都知道爱迪生做了几万次试验,发明了许多造福人类的事物,可他这几万次试验当中至少有99%是失败的,可爱迪生并没有放弃,而是在每次失败后他都能不断寻求更多的东西。当他把原来的未知变成了已知的时候,无数的新事物就被发明出来了。所以他认为那么多的失败实质上都不能算是失败。

爱迪生说:"我只是发现了9999种无法适用的方法而已。失败也是我需要的,它和成功一样对我有价值。只有在我知道一切做不好的方法以后,我才知道做好一件工作的方法是什么。"他说的这句话,不正是深知从各种损失中也能获益的意识吗?

从这个意义上,我们认识到只有不怕失败,深知失败意味着什么的人才会坚持,也才可能享受到成功的欢乐。其实,我们都知道,成功与失败是事物发展的两个轮子,失败是成功之母,是成功的先导。但在,在实际生活中,只有极少数的人才能真正领会它的含义。

一个身陷困境的人去向智者请教:"我是一个很失败的人,我做的事情几乎有一大半都是失败的,我想知道我该怎么做。"

智者沉思良久,说道:"好吧,我给你一些建议,你去看一看《时代周刊》1970年的年鉴第930页,也许会有所收获。"

那人去图书馆找到了相关章节,这是关于世界上一位优秀的棒球运动员泰·库伯的介绍,这位入选名人堂的明星,他一生的打击率高达0.367,连有着击打之王美誉的罗斯也难以望其项背。

那人又去找智者:"泰·库伯,0.367的打击率,就这些。"

"完全正确。"智者答,"0.367的打击率,平均每三次成功一次,也就是500多次没成功,我想你该明白些什么了吧?"

"哈哈!"那人恍然大悟,"这家伙有一大半的时候都是失败的,和我一样。"

——摘自《时代周期》

很多时候,成功来源于无数失败。只有放开眼界,从容淡定地坚持下去,失败才能转化为成功。要知道,天下根本没有不劳而获的事,如果利用种种挫折与失败,来促使我们更上一层楼,那么一定可以实现我们的理想。了解世上那些大富豪们经历的人一定会知道,他们的功业彪炳史册,但都经受过一连串的无情打击。因为他们都坚持到底,才获得了辉煌成果。

有一位教授给一个毕业班的学生的成绩打了一个不及格。在知道自己不及格时，这个学生非常失望，因为他早已做好毕业后的各种设计，现在不得不取消，真的很难堪。他找到教授要求通融一下。教授说："这个成绩不能更改。"学生大发脾气，向教授发泄了一顿。

待他平静下来后，教授对他说："你说毕业后用不到这门课，我也很赞同。你将来很可能不用这门知识就能获得成功，你也可能一辈子都用不到这门课程里的知识，但是你对这门课的态度却对你大有影响。"

"您是什么意思？"这个学生问道。

教授回答说："我能不能给你一个建议呢？我知道你相当失望，我了解你的感觉，我也不会怪你。但是请你用积极的态度来面对这件事吧。也许五年以后就会知道，它或许是使你收获最大的一个教训。"

后来这个学生又重修了这门功课，而且成绩非常优异。不久，他特地向这位教授致谢，并非常感激那场争论。他说："那次不及格真的使我受益无穷。看起来可能有点奇怪，我甚至庆幸那次没有通过。因为我经历了挫折，从中学到了很多东西，最终让我尝到了成功的滋味。"

挫折是人生中不可避免的。一个人的生活目标越高，就越容易受挫折，从而导致压力过大。挫折对一些脆弱的人来说是"人生危机"，而那些真正懂得生活的人，会给自己提出这样的要求：战胜挫折，把自己锻炼得更加成熟和坚强。我们都可以化失败为胜利，从挫折中吸取教训，好好利用，就可以对失败泰然处之。

莱特兄弟发明飞机之前，已经有许多发明家的发明非常接近飞机了，可是最终他们还是没有成功，原因在哪儿？为什么莱特兄弟能成功，而那些人却失败了？究其原因是他们不会从失败中学习经验，而莱特兄弟却从这些失败中学到了比别人更多的经验，他们应用了和别人同样的原理，只是给翼边加了可动襟翼，使得飞行员能控制机翼，保持飞机平衡。结果在别人失败的地方，他们多走了一步就成功了。

世界上有无数人，一辈子浑浑噩噩，碌碌无为，他们对自己一直平庸的解释不外是"运气不好""命运坎坷""好运未到"，这些人仍然像小孩那样幼稚与不成熟，他们只想得到别人的同情，没有一点主见。由于他们一直想不通这一点，才一直找不到使他们变得更伟大、更坚强的机会。所以，我们千万不要把失败的责任推给命运，而是要仔细研究失败的实例。如果我们失败了，很可能是我们的修养或火候还不够的缘故，那就别说什么，继续学习，提高自己吧！

不要给失败找借口

很多人在遭遇失败之后,就开始寻找借口。失败往往会让人很沮丧,在心情极度低落的时候,为了安慰自己,我们开始学会利用借口来抚平失败所带来的创伤。当我们还是小学生的时候,面对不好的考试成绩,我们会说"都是因为我粗心马虎"。面对失败,为自己找借口是最好的自我逃避的方法。我们可以说"其实我的失败只是因为某些方面的失误,并不是我的实力不够"。如果想彻底摆脱借口,就要从勇敢地面对失败开始,在失败中找到成功的起点,而不是自我安慰的借口。

遭受失败后,不同的人会有不同的反应。第一种人会彻底丧失自信心,从此一蹶不振,没有勇气面对自己的失败,他们会对自己说"反正我就是这样的人了",这个借口将伴随他们一生;第二种人缺乏自我反省的能力,他们认为失败只是小小的失误或者运气不好造成的,他们虽然不会因为失败而放弃,却会永远带着自己的缺点,虽然能凭借自己的热情勇往直前,可最终也很难获得成功;第三种人就是把失败变为成功的起点的人,他们不会放弃,也不会找到诸如"运气不好"的借口,而是冷静地反思自己失败的原因,认真总结缺点和不足,把失败当成自己的财富,在失败中不断提升自我,越战越勇,最后到达成功的顶峰。

如果我们用第三种人的姿态来面对失败，就能从根源上杜绝借口。"失败是成功之母"，这句名言包含了两层含义：第一就是面对失败，要有不卑不亢的态度，既不向失败低头，也不能完全无视它的存在，只有如此，才能不让自己因为失败而背负借口的包袱；第二层含义就是告诉我们，当我们真的做到不卑不亢后，我们就能从失败中汲取力量，获得成功。

美国西点军校里有这样一种广为流传的悠久传统，就是遇到军官问话，只有四种回答："报告长官，是！""报告长官，不是！""报告长官，不知道！""报告长官，没有任何借口！"除此之外，不能多说一个字。"没有任何借口"是西点军校奉行的最重要的行为准则，它强化的是每一位学员想尽办法去完成任何一项任务，而不是为没有完成任务去寻找借口，哪怕看似合理的借口。其目的就是为了让学员学会适应压力，培养他们不达目的不罢休的毅力。

它让每一个学员懂得：工作中是没有任何借口的，失败是没有任何借口的，人生也没有任何借口。根据美国商业年鉴统计，二战后，在世界500强企业中，西点军校培养出来的董事长有一千多人，副董事长有二千多人，总经理、董事一级的有五千多人，"可口可乐""通用""杜邦"等有名的大公司的创始人都是他们培养的毕业生。任何商学院都没有培养出这么多优秀的经营管理人才。

在为失败找借口的人中，不乏优秀的人，但正因为他们没能正视失败，才导致被借口羁绊，虽然优秀却难以获得最后的成功。借口是人们成功的障碍。如果一个人上学时是一个好学生，工作后也是一个口碑很好的员工，却始终没有变成最卓越的人，那么就应该反思一下，自己是否从根本上和借口绝交了：当面临失败的时候，用哪句话来劝慰自己？如何制订失败后的人生规划？是否会向他人寻求帮助？

面对失败，不给自己找借口的第一条准则就是，不要只说"失败永远是暂时的"。这句看似很有道理的话，却在不经意间变成了阻碍自己反思的借口。因为这个借口让人放弃了反思,只是简单地认为,只要熬过失败最初最为艰难的时刻,一切就可以顺其自然地好起来。事实当然不是这样,如果我们不从失败中认真地自我反省,就会重蹈覆辙。这句话所带来的积极态度是值得肯定的,它让我们战胜了失败的恐惧。但要成为卓越的成功者,我们还需要在后面加上一句——"但是,还要好好地研究一下失败的原因。"

不用借口为自己的失败辩护,第二条准则就是把失败当成一个新的起点。每一次失败都是重新规划人生的开始,很多人在失败后会告诉自己"只要坚持不懈,就能战胜失败,获得成功"。这当然是值得称赞的执著精神,但如果只是仅此而已,忘记了改过,就错过了重新规划人生的机会。失败为我们提供了一面镜子,我们可以静下心来,拿出纸和笔,逐一把自己最喜欢做的事情和最擅长做的事情写出来,只有如此,才能最大限度地发挥自己的能力。一味地努力坚持到底,可能在走到了死胡同的尽头时,才发现最初设定的路线本身就存在问题。

有一段格言是这么说的:"人摔倒的话,一定是斜坡惹的祸,没有斜坡的话那一定是石头,没有石头的话,就一定是因为鞋子……"这大概就是人的本性吧!任何人都希望自己是完美无缺的,即使有了过失也不愿承认是自己的错,只好找些借口来解释自己的行为。然而,凡事都以借口搪塞的话,你将很难进步。唯有认清自己的缺失,才能不断向前迈进。

汉武帝经常出巡以向民众示意治国之决心。有一次他将要出巡,路过宫门口时看到一位头发全白的老人,穿着很旧的衣服,站在门口十分认真地检查出入宫门之人。汉武帝问老人:"先生是否早任此郎官之职?为什么年纪已老还做郎官?"

老人答:"我姓颜名驷,江都人。从文帝起,经三朝一直担任此职。"

汉武帝问:"你为什么没有升官机会?"

颜驷答:"汉文帝喜好文学,而我喜好武功;后来汉景帝喜好老成持重的人,而我又年轻喜欢活动;如今您做了皇帝,喜欢年轻英俊有为之人,而我又年迈无为了。因此，我虽然经过三朝皇帝，却一直没有升官，但我要的是称心如意的工作。"

——摘自《不为失败找借口》

颜驷几十年没有升职，真的没有自己的原因吗？他历仕三朝，换了三种用人风格的皇帝，都没有升迁的机会，那就应该在自己身上找原因了，怎么能总是怪时运不好呢？就好比一名公司职员，在三位上司手下工作，都不能得到赏识，难道全是上司的责任吗？

人的一生有时候就是一个遗憾的过程，从错误中寻找正确，从失败中寻找成功，从黑暗中寻找光明，从不完美中寻找完美。但是，有很多人就是无法接受自己的失败，他们认为失败是一种很不光彩的事，每当失败时他们总会为自己的失败找借口、找理由。当他们做事不顺心时，当他们学习不好时，当他们参加了各种比赛没有获奖时，就会怪罪于他人，就在为自己的失败找借口、找理由，这也是所有不成功的人的共同特征。

为自己的失败找理由，而且抓着这些他们相信是万无一失的借口不放，以便于解释他们为何成就有限。正因为他们将所有的精力与时间都花在寻找一个更好的借口上，因此，即使下一次从新开始，失败仍是必然的。

相反，那些成功人士在遇到困难时，总是在想办法解决，而不是为自己找一堆无用的借口，以借其掩饰自己的过错和失败。他们知道借口是事业成功的最大障碍，凡事要从自己的身上找原因，而不是怨天尤人。只要我们能把自己的能力和乐观进取的精神表现出来，就能取得一直渴求的成功。

逃避失败必错过成功

在一生当中，有些人的生活丰富多彩，充实而有意义，但有些人恰恰相反，虚度光阴，碌碌无为。我们有权利选择其中一种作为自己的生活方式。人生总是面临着选择，成功了，可以选择骄傲，也可以选择继续努力。失败了，可以选择退缩，也可以选择重头再来。任何事物都有两面性，无论是选择新的方法，还是新的目标，关键是看你如何运用选择权，选择从哪条路走向成功。

除非你自愿放弃，否则你就不会失败。谁都没想到既口吃又害臊羞怯的德摩斯梯尼，居然会成为伟大的雅典演说家，这都要归功于他的失败经历。

德摩斯梯尼天生口吃，嗓音微弱，还有耸肩的坏习惯。在常人看来，他似乎没有一点儿当演说家的天赋，因为在当时的雅典，一名出色的演说家必须声音洪亮，发音清晰，姿势优美，富有辩才。

那时，他父亲为使他富裕起来，就给他留了一块土地让他过活，但是雅典有个奇怪的法规，那就是在声明土地所有权之前，必须在公开的辩论中夺得冠军才行。德摩斯梯尼口吃加上害羞，结果可想而知，终究丧失了这块他赖以为生的土地。

但德摩斯梯尼并未因此而颓废，反倒使他斗志更加昂扬了。为了成为卓越的政治演说家，他做了超过常人几倍的努力，进行了异常刻苦的学习和训练。他最初的政治演说是很不成功的，由于发音不清，论证无力，多次被轰下讲坛。

为此，他刻苦读书学习。据说，他抄写了八遍《伯罗奔尼撒战争史》，他虚心向著名的演员请教发音的方法——为了改进发音，他把小石子含在嘴里朗读，迎着大风和波涛讲话；为了去掉气短的毛病，他一边在陡峭的山路上攀登，一边不停地吟诵；他在家里装了一面大镜子，每天起早贪黑地对着镜子练习演说；为了改掉说话耸肩的坏习惯，他把自己剃成阴阳头，以便能安心躲起来练习演说。

经过一番努力，他掀起了人类演讲史上前所未有的演讲高潮。历史上忽略了那位取得他财产的人，但却记住了这位能够征服自己、取得成功的德摩斯梯尼。据说德摩斯梯尼以口含小石子等方法一直刻苦练习演说近50年，直至逝世。他的刻苦努力练习演说的故事也成为了激励后人奋进的例子。

我们每个人都有过一个梦想却未能做成的事，当机会再次来临，去实现那个梦想的时候，更多的是选择放弃。因为我们总会很理智地认为：这样做那样做都会失败，为什么还要自讨苦吃呢？但古话说得好："尽吾力而不至，可以无悔矣。"也就是说，不要考虑会不会失败，只要努力去争取成功就行了。哪怕只是取得了一丁点儿的成就，但那也是值得付出的。

英国一名著名牧师尤金·布莱斯曾说："要想避免失败，并非难事。就拿我来说，我从来没有在网球赛上失过手，从来没有在选举会上败过台，也从来没有在个人演唱会上失败过，因为这些事我根本就没有尝试过。事实上，只有敢于尝试的人，才有机会取得成功。"

是的，在你失败之前，可以选择不尝试，这样就不会失败，但是同样不会成功。在你失败之后，你还可以选择不再尝试，这样你也不会再经历失败，但你永远也到达不了成功的彼岸。

面对失败，有人避之不及，有人敢于面对。面对成功，有的人欣喜庆幸，有的人却放弃成功，重新选择一条充满失败的路。如果说失败了，你要经历再次选择需要极大的勇气的话，那么如果你成功了，还要再次选择，那是需要何等的魄力和胆量呢？

曾经在《深圳青年》的刊物上看到一篇《从打工仔到老板》的文章，讲述一个年轻人不平凡的生活经历，我们可以细细品味，从中感悟出一些道理来。

年轻人叫宇，毕业于辽宁一所中等专科学校，后来到深圳打工。他先到一家大型软件公司应聘，由于学历低、经验少未被聘用。然后，他又去了几家其他行业的公司，但都因为一些原因而遭到拒绝。一连串的碰壁让他心灰意冷，无奈之下去了一家公司做一名普通的勤杂工，他鼓励自己说："有人雇你，你已成功了一回。"

宇在这家公司勉强维持生计，他边打工边学习，等待飞上枝头变凤凰的那一天。几个月后，在一次公司召开的全体会议上，他终于迎来了表现自己才能的大好机会，公司总裁十分看好他的能力，便把他提为部门经理。一年后，他又担任公司副总裁的职位，就在大家都认为他前途无量的情况下，他却向总裁提出了辞职。总裁答应付给他高薪和洋房，女朋友要跟他分手，但最终都无法改变他的决定，他要出来自己开公司。

他的愿望实现了。不到一年时间，由于出色经营，他已为公司打出一片天下，渐渐壮大起来。公司效益越来越好，女友回到了身边，宇又郑重宣布了让周围人大吃一惊的消息：低价转让公司。公司卖掉后，他不顾朋友的反对，又来到一家公司继续应聘勤杂工的职位。在新的环境下，他又大显身手，才华毕露，直到升为公司的领导。还像第一次成功一样，他又突然辞职，自己又经营了一个性质相同的公司。当该公司日益红火时，他又宣布低价出售公司，然后又到另一家其他领域的企业做了一名勤杂工。就这样十几年间，宇共换了八家不同行业的公司，体验八种不同的工作环境和模式，经营过八个不同行业的公司，经历了八次从勤杂工到公司领导的奋斗。

当记者采访他："八次放弃，八次崛起，你为的是什么？"宇微微一笑："我这样做的目的，是想让自己了解更多的行业，培养自己挑战失败的能力，这样我也会有更多的选择。我不怕失败，因为我失败过很多次。我开过八个不同行业的公司，你说，还有什么行业不能做下去呢？"

也许我们不会像宇那样八弃八起，但至少我们可以像他一样进行第二次选择，关键是要有选择的勇气和不怕失败的精神。

一名作家描写过他在喜玛拉雅山上的所见所闻："我在某次旅行时，有过一个非常的经历，一群栖息在低地的蝴蝶，靠着某种不可思议的力量，远离自己的家乡，勇猛地飞向高山。在喜玛拉雅山那一片冰天雪地中，蝶群陆续地跌落，皑皑的白雪被它们黄色的翅膀所覆盖着。但每个斗士都毅然决然地朝向那高耸的山岭勇敢地拍动它们的小翅膀……"

不知读了这段文字，你是否会被这些可爱的小精灵所震撼？你有什么感想吗？你对生命是不是有了更深一层的认识？

一个看见死亡大门的人，可以选择静静地走下去，什么也不想，什么也不做，只等待命运的宣判，死神的来临，也可以选择积极与命运抗争，在最后的时间里做一些有意义的事。至于如何选择更有价值和意义，答案已经显而易见了。

失败，是为了下一次成功

有成功就有失败，有失败也同样会有成功。成功与失败是相辅相成的。一个没有失败过的成功者，不一定能守得住现有的成就。

我们常常说：失败是成功之母。这句话的真正含义也只有那些具有积极心态、意志坚强、自信主动的人才能真正地领悟。

每个人或多或少都会遭遇不同的失败，我们不可能避免这些失败的缠绕，因为我们始终有自己追求的目标、前进的方向。有越高的追求目标，受到的失败压力也就越大，这是成功者们都经历过的，也是我们所要面对的。

野口诚一是日本的一名企业家。他有句名言："世界上没有一帆风顺的成功。"

野口诚一在25岁那年创建一家玩具公司，经过了22年的经营后宣布破产。在破产之前，野口诚一曾被称为实业家，相当受人瞩目，甚至还担任了大学的理事。所以这次事件对他来说是从事业巅峰一下子跌入了人生的低谷。

当时，野口先生一心只想着玩乐，业务才刚上轨道就对工作不管不问。

由于兴趣的原因，他喜欢上舞蹈和戏剧后，居然租下了国际剧场，并给朋友们提供盒饭和零花钱让他们陪同自己观看，以形成会场满员的气氛。

野口先生说："现在想想，当时大家肯定都在背后骂我愚蠢。"因此，他几年都没有回家，每天只知道去公司拿钱。

这样做的结果自然是公司破产。最后，野口诚一身无分文地走回自己仅能装下四个榻榻米的小公寓。

野口诚一从万丈高楼一下跌进万丈深渊，有那么一阵子，他晕头转向地想不明白到底是怎么回事，不知道自己该做什么，还能做什么。

但很快，他振作了起来。他在报上看到某某公司倒闭，经理自杀的报道后，决定组织一个协会，专门帮助这些人走出阴影。

协会在困境中成立了，野口诚一用自己的不懈努力，将协会从几个人扩大到500多人。协会研讨的内容也从最初的只谈公司倒闭之类问题，扩展到所有关于公司成长、失败的问题。

——摘自《当众拥抱你的敌人》

失败给人带来的绝非全是坏处。人大多都是这样的：拥有时，往往忽略它，一旦失去，才会想起珍惜并奋起自救。所以，生命中的低谷是对你的一大考验，走过去，你才能够迎来生命的另一次辉煌。

一位成功者充满自信地说过："失败意味着三种情况，一是我们选择的路不通；二是某种原因的阻碍，只是我们还没找到；三是差一点儿坚持。"是啊，失败并不是死亡，失败与成功只是相隔一线。即使当前失败了，只要有再来一次的勇气，获得成功并不是难事。

没有经过痛苦与磨难的人，他的人生是不完整的。世上没有任何一个幸福之人不曾经历过挫折与困难，也没有任何一个成功者的伟大成就不经历过失败与磨难。翻开那些伟大成功者的历史，就可以见证他们经过了多少风吹雨打，吃过了多少苦。

有许多小时候常常经受挫折的孩子，他们长大以后都会做出惊人的成就。相反地，那些出生在豪门、一帆风顺长大的人，反而难以做出大的事业。

第三章
失败不可怕，再站起来就是成功

未曾有过失败的成功不是真正的成功，因为只有经过一次次的失败才能积累获取成功的经验。所以失败是通往成功路上必须经历的一道坎，跨过这道坎成功就会到来。丘吉尔说过，"被克服的困难就是胜利的契机。"的确，伟大的成功都是在无数次的失败以后才得到的。

这是个成功者的故事，也是一个失败过18次的故事。

最早的时候，莎莉·拉斐尔想到美国大陆无线电台工作。但是，电台负责人认为她是一个女性，不能吸引听众，拒绝了她。

后来，她来到了波多黎各，希望自己有个好运气。但是她不懂西班牙语，为了精通语言，她花了三年的时间学习。在波多黎各的日子，她最重要的一次采访，只是有一家通讯社委托她到多米尼加共和国去采访暴乱，连差旅费都是她自己出的。

在以后的几年里，她不停地工作，不停地被人辞退，有些电台甚至指责她根本不懂什么叫主持。1981年，她来到了纽约一家电台，但是很快被告知，她跟不上这个时代。为此，她失业了一年多。

有一次，她向一位国家广播公司的职员推销她的倾谈节目策划，得到首肯，但是那个人后来离开了广播公司。她再向另外一位职员推销她的策划，但这位职员对此并不感兴趣。最后，她找到第三位职员，此人虽然同意了，但他却不同意做倾谈节目，而是让她做一个政治主题节目。

她对政治一窍不通，但是她不想失去这份工作，于是她"恶补"政治知识。1982年夏天，她主持的节目终于开播了，由于技巧娴熟、言谈平易近人，并积极鼓励听众打电话参与讨论国家的政治活动，这在美国的电台播音史上是一种全新尝试。她因此一举成名。

在30年职业生涯中，莎莉·拉斐尔曾遭辞退18次，可她一直坚持着这个职业。每次被辞退后，她都放眼更高处，确立更远大目标。莎莉·拉斐尔最终成为自办电视节目的主持人，曾经两度获奖，在美国、加拿大和英国每天有800多万观众在收看她的节目。

莎莉·拉斐尔说："我遭人辞退了18次，本来大有可能被这些遭遇所吓退，做不成我想做的事情，但我绝不放弃自己的希望，一直坚持到最后，所以今天我能幸运地成为一名著名主持人。"

天下哪有不劳而获的成功？如果能利用种种挫折与失败，来促使你更上一层楼，那么一定可以实现你的理想。

"失败是为了下一个成功。"这是拿破仑说的话。成功固然重要，但是失败的经历也同样重要。只有在失败之中才能找到获取成功的经验。每个经历过失败的人都把失败的经验总结再总结。失败的经验，给我们提供了许多宝贵的东西，让我们知道了如何让未来的生活过得更有意义。

有一部分失败者，他们对自己的失败总是怀痛在心，看到相似的人或事时，他们会想起那段不快乐的事。有人提起时，总是会令他们无法克制自己的情绪，让自己又一次掉入深渊，让那些失败的痛苦一直消磨着自己的意志。失败往往有唤醒睡狮、激发人潜能的力量，引导人走上成功的道路。我们应该得到这样的启示：只有不害怕失败，深知失败意味着什么，才有可能获取成功。

第四章
敢于选择,学会放弃

古人云:"塞翁失马,焉知非福。"放弃是顾全大局的果断和胆识,是一种量力而行的睿智和远见。我们是自己的导演,只有学会放弃和懂得选择才能彻底领悟人生,才能拥有海阔天空的人生境界。

选择适合自己的人生方向

人的一生其实就是一个不断选择的过程,所以有人说:"选择比努力更重要!"选择实际上就是为自己找一个方向,如果方向选错了,所做的努力就是为错误而做的准备。大家都知道"南辕北辙"的故事,内容讲述了一个人要乘车到楚国去,由于选择了相反的方向又不听他人的劝告,离楚国越来越远。这个故事旨在告诉我们,选择一个适合自己的方向,比什么都重要。

现实生活中有不少人经过了一番努力,付出了心血与汗水之后,却依然没有一点儿成就,于是他们开始抱怨上天的不公:"我一直在努力,为什么成功的不是我呢?"他们只知道一味地勤奋努力,却不知道选择适合自己的方向。

如果你发现自己现在所从事的工作并不适合自己,那你就要赶紧调整前进的方向。不要担心来不及,如果你一直有这样的顾虑,那才是真正丧失了大好的时机。当你发现自己真的走错了方向时,最好先静下心来想一想,然后再去努力寻找新的机会,并在新的领域里重新开始,立志有所作为。那种明知自己走错了路又前怕狼后怕虎的人,只能是徒自空叹,虚度一生!

40多年前,有一个10多岁的穷小子,他自小生长在贫民窟里,身体非常瘦弱，却立志长大后要做美国总统。周围人觉得那根本是天方夜谭，可他却说："这是我的选择，我知道，这是一条适合我的路，我一定要实现它！"所以，年纪轻轻的他，给自己拟定了这样一系列的连锁目标：做美国总统首先要做美国州长——要竞选州长必须得到雄厚的财力支持——要获得财团的支持就一定得融入财团——要融入财团就需要娶一位豪门千金——要娶一位豪门千金必须成为名人——成为名人的快速方法就是做电影明星——做电影明星前得练好身体，练出阳刚之气。

按照这样的思路，他开始步步为营。一天，当他看到著名的体操运动主席库尔后，他相信练健美是强身健体的好办法，因而有了练健美的兴趣。他开始刻苦而持之以恒地练习健美，他渴望成为世界上最结实的男人。三年后，凭着发达的肌肉和健壮的体格，他开始成为健美先生。

在以后的几年中，他成了欧洲乃至世界健美先生。22岁时，他进入了美国好莱坞。在好莱坞，他花了10年时间，利用自己在体育方面的成就，一心塑造坚强不屈、百折不挠的硬汉形象。终于，他在演艺界声名鹊起。当他的电影事业如日中天时，女友的家庭在他们相恋九年后，终于接纳了他这位"黑脸庄稼人"。他的女友就是赫赫有名的肯尼迪总统的侄女。婚姻生活过了十几个春秋，他与太太生育了四个孩子，建立了一个"五好"家庭。2003年，57岁的他告老退出了影坛，转而从政，并成功地竞选成为美国加州州长。

他就是阿诺德·施瓦辛格，他的经历让人们记住了这样一句话：选择自己要走的路，坚持下去，就能成功。

很多时候，成功除了坚持不懈外，更需要方向。选择一个更适合自己的方向，也许成功来得比想象的更快。庸庸碌碌地不去追求，自然没有成功的机会。不了解自己，不会寻找最适合自己前行方向的人，也许很努力，并且付出了艰辛，可是最终还是没有成功。

选择和成功就像是一对双胞胎，选择正确了，成功的几率就大得多。而你只要成功了，就会有很多选择呈现在你的面前，当你抵得住诱惑，再次做出正确选择时，你会更加成功。而一个失败者，是奢谈选择的，他没有选择的余地，无法选择，当他做出了错误的选择又没有及时回头之后，他已经没有任何选择的机会了。

王慈官对选择与努力的关系有着切身的体会。他用自己的亲身经历说明了：努力不一定有好结果，只有正确的选择加上努力，才会有好的结果。

王慈官曾经担任一家股票上市公司的协理。他服务的这家公司在1994年发生经营危机，半年多的时间，他个人也随着公司的财务风暴负债达1000多万元。之后，王慈官和几个朋友经营了一家化学原料进口公司，他担任总经理，只做了两年多，因法令改变，无利可图，又告结束。

不久，王慈官又和朋友买了一家工程公司，他当董事长。其实他对工程是门外汉，虽然包过几个几千万元金额的工程，但亦无厚利。最后，他决定把公司卖了，再次回到原点。接着，王慈官受聘筹备开设了一家会员制的休闲娱乐公司，他担任副总经理，三年多以后接任总经理。最后，因为与董事会之间发生经营方向策略方面的认识差距，王慈官只好辞职回家。

王慈官在商场上努力了15年，每一项事业都是辛辛苦苦从头开始，有赔有赚，经营风险如影随形，许多无法掌握的因素却又是决定成败的关键。王慈官觉得，那份无奈与疲惫的感觉异常强烈，真想停下脚步好好休息一阵。

十几年的岁月经历，王慈官非常努力，但他的事业经常很快开始，也经常很快结束，不停地回到原点。他自己总结是选择的错误所造成的。后来，他重新做出选择，很快就有所成就，并出版了一部非常有影响的著作《远离贫穷》，成为有名气的成功人物。他认为这一次自己的成功，是正确选择的结果。

当你选择了人生的理想之后，如果你不能辨清前进的方向，那么你的努力一定是盲目的，而盲目的努力不会得到预期的效果，得到的只能是苦果。

人在一生当中精力旺盛的时间是有限的，但是在追求目标的时候，多数人不管它是否适合自己，只要看到新的东西、新的目标就要追求，于是就非常盲目地把自己宝贵的时间浪费了。所以我们在新的目标出现的时候，选择最适当的目标，然后痛快地做出决定，做好取舍，继而全力以赴，才可能有所成就。

放下固执，选择变通

"撞到南墙不回头。"说的是那种不知变通，一味固执的人。这种人一生注定与成功无缘。无论做什么事情，当竭尽全力拼搏之后却仍旧不能如愿以偿时，应该想：何不转入另外一条发展道路呢？那样或许会获得成功。对于敢于变通的人来说，这个世界上不存在困难，只存在着暂时还没想到的方法，然而方法终究是会想出来的。所以，敢于变通的人只有一个归宿，那就是成功。

一般情况下，"直接式"处理问题，能快捷、迅速、及时地把问题搞定，是处理一般性问题的很好方式。对于那些非常困难的问题，采用转个大弯子的迂回策略，也是不得已而为之。其实它是转化矛盾，使之逐渐趋于和平，直至最后彻底解决矛盾的一种特殊方法。遇到暂时无法逾越的障碍时，另辟蹊径绕个弯路，是明智之举。

杰克是一家信封公司的老板。有一次，他去拜访一个顾客，那个经理一看他就说："杰克先生，你不要来了。我知道你很有名，也知道你很成功、很有钱，但我们公司绝对不可能给你下定单，因为我们公司的老板和另一家信封公司的老板是25年的深交，我们25年以前就和他交易。你也不用再来拜访我，因为有43家信封公司的老板曾拜访过我三年了。所以，杰克先生，我建议你不要浪费时间了。"

第四章
敢于选择，学会放弃

但杰克没有放弃。他发现这家公司采购经理的儿子很喜欢打冰上曲棍球，并且他儿子的崇拜偶像是洛杉矶一个退休的全世界最伟大的球星。后来，他发现这个经理的儿子出车祸住在医院，这时，杰克觉得机会来了。

他去买了一根曲棍球杆请球星签名后要送给这家公司采购经理的儿子。他来到医院，孩子的父亲还没有到医院，孩子问他是谁，他说自己是杰克，是给孩子送礼物的。孩子问为什么给他送礼物？因为杰克知道他喜欢曲棍球，也崇拜这个球星，这是一根球星亲自签名的曲棍球杆。不可思议，这个小孩兴奋得脚也不疼了，要下来走。

结果，采购经理来医院后发现他的儿子整个人都变了，本来垂头丧气、面无表情，现在却很兴奋。他问儿子怎么回事，孩子说刚才有一个叫杰克的人送给他一根曲棍球杆，还有球星签名。

结果可想而知，这个采购经理和杰克签了40万美元的定单。信封是便宜的东西，他竟下了这么大的定单。

当遭遇难题时，不要一味地去撞墙，指望把墙撞倒，而要学会在合适的地方打开一扇门。人生如流水，我们既要尽力适应环境，也要努力改变环境，实现自我。我们应该多一点韧性，能够在必要的时候弯一弯、转一转，因为太坚硬容易折断。唯有那些不只是坚硬且更多一些柔韧和弹性的人，才能克服更多的困难，战胜更多的挫折。

一马平川的坦途是人们所希望和企求的，然而世上又哪有那么多省时、省力的阳关大道任我们驰骋？在遇到暂时无法逾越的障碍时，我们要巧妙地选择走"之"字型，在换方向前，松口气，等力气稍恢复后再往前走，有时反而能更快到达。

18世纪初，俄国和瑞典为争夺波罗的海制海权发生了大规模的战争。瑞典在第一次进攻失利以后，经过认真的准备，纠集强大的海军和陆军，又向俄国发动第二次进攻。

瑞典的这次进攻来势凶猛，军队很快就在俄国沿海登陆。当时俄国沿海地区兵力薄弱，俄军被瑞典人逼得一再后退。俄国军民人心浮动，国内

113

一片混乱。在俄国面临危急之际,彼得大帝异常冷静。他知道瑞典国王查理十二和瑞典军队的将领们一向做事小心谨慎,优柔寡断,缺乏勇敢的精神和坚定的意志,如果利用瑞典人的这一弱点,俄国就会转危为安。

于是,彼得大帝派遣一大批紧急信使携带着他的亲笔命令奔赴各地。他的这些命令是要求各地的指挥官立刻派援军支援沿海地区。当然,彼得大帝所提到的这些援军根本不存在,有也是远水解决不了近渴。负责传送命令的信使故意糊里糊涂地乱走,粗心大意地暴露身份,结果被瑞典人俘获,身上的密信也被瑞典人搜出。瑞典将领对彼得大帝的绝密命令十分在意,认为俄国人隐瞒了军事实力,俄国军队之所以不加以顽强的抵抗反而退出了沿海地区,是因为他们有着更深远的阴谋。在这种思想的支配下,瑞典军队放弃已占领的俄国沿海地区,迅速撤退回国。

彼得大帝以一纸假书信吓退了敌人,不费一枪一弹就解除了瑞典军队对沿海地区的围困,保住了圣彼得堡和战略设施工程,使俄国渡过了难关。

——摘自《三十六计例解与赏析之敌战计》

俄军一再溃退,国内人心惶惶,瑞典海陆军勇猛强大,节节紧逼。俄国似乎只有败退这一条路了。瑞典虽形势旺盛,其领导层却多疑而优柔寡断。彼得大帝深知这一点,故使出无中生有之计,成功地左右了瑞典军队的行动,使其迅速撤退回国,从而保存了俄国的领土与军队。

在做大事的过程中,不能一味进攻,尤其身处弱势时,一定要巧妙避开对方的锋芒,寻找以退为进的转机。在形势不利于自己的时候,先退几步,以求打破僵局,为自己积蓄力量赢得时机。当自己处于弱势时,不妨采取以退为进的方法,保存自己的实力。等到有朝一日羽翼丰满时,再表明自己的主张和态度,这时候,你就是真正的强者了。

宋代诗人陆游有一句诗:"山重水复疑无路,柳暗花明又一村。"只要我们不拒绝变化,并且善于运用变通的思维方式,不断改变自己的观念,我们就能抓住机会,走出困境,进入新的天地。

选择吃点亏，得到福报

洪应明说："毁人者不美，而受人毁者遭一番训谤便加一番修省，可释冤而增美；欺人者非福，而受人欺者遇一番横逆便长一番器宇，可转祸而为福。"吃亏是福，遭人毁谤、受人欺负都可以转为对自己道德品行的磨炼，转祸为福。

如今社会在与人的交往过程中，谁也不可能完全平衡"吃亏"二字。但可以让与自己交往的人感到不吃亏。其实，一个人要赢得众人的尊重并不难，那便是学会谦逊礼让，宽厚待人，甘于奉献，不怕吃亏。

作为生活在社会的一分子，没人喜欢爱占便宜、斤斤计较的人，相反，人们更愿意接近那些豁达、大度、不怕吃亏之人。其实，说明白一点，现在的社会，不会有人吃一辈子的亏，只要你付出了，就一定能得到回报。

在你做着吃亏事情的同时，也在赢得别人尊重和回报的目光，而那个懂得以更大的吃亏方式来回报你的人，便是你赢得的朋友。朋友多了，自然做什么事情都有人帮衬，路也会越走越宽。人要有所作为，必须要学会吃亏，培养自己的宽容大度，以平和的心态，去对待身边的事和人。那时就会发现抱怨少了、笑声多了、心情也舒畅了，生活变的美好而轻松了。

父亲早早起床,为儿子和自己准备了两碗荷包蛋面条。父亲告诉儿子:"这里有两碗面条,其中只有一碗有一个鸡蛋,你说你自己选哪个吧?"

儿子观察了一下,用手指着卧蛋的那碗,说道:"我要吃有蛋的这碗。"

父亲故意说道:"难道你没有听说过孔融让梨的故事吗?孔融年仅七岁便懂得让梨,你今年都10岁了,也应该学会让蛋呀?"儿子听了父亲的话后,刚才高兴的样子一下子没有了,他说道:"不行,我一定要吃有鸡蛋的那一碗。"

"你确定一定要吗?不后悔吗?"父亲反问道。

"绝不后悔。"儿子表示出一副镇定的样子。

于是儿子用筷子吃了能看见卧蛋的那碗,可是让他万万没有想到的是,父亲那碗里面竟然有两个鸡蛋。

父亲吃完后,告诉儿子说:"你要牢记,想占别人便宜的人,往往占不到便宜。"

第二天,父亲照样做了两碗荷包蛋面条,其中一碗蛋卧在上边,另一碗上边没蛋。当他将两碗面端上桌子的时候,问儿子:"今天你要吃哪一碗面?"

今天儿子耍了一回小聪明,他用手指着那一碗无蛋的碗,说道:"孔融让梨,今天我让蛋。"说完他便将那碗无蛋的端到自己面前。父亲再次让他确认,他表示绝不后悔。

结果儿子的那碗里面一个鸡蛋也没有,而父亲的碗底还藏着一个鸡蛋。当儿子知道真相后,一下子傻了眼。

父亲指着碗,对儿子说:"你知道吗?现实中那些想占便宜的人可能要吃亏。"

第三天,父亲如同往常,做了两碗荷包蛋面条,还是一碗蛋卧上边,另一碗没有蛋。父亲问儿子:"你今天吃哪一碗?"

儿子诚恳地说道:"孔融让梨,儿子让面。父亲,您是大人,您先选吧。"

父亲说:"那我就不客气了。"于是父亲端过上边卧蛋的那碗,结果儿子发现自己碗里也藏着一个荷包蛋。

现实中,暂时的吃亏也是一门学问。那些整天爱占小便宜的人表面上觉得自己没有吃亏,事实上他们得到的只是一些蝇头小利,往往到了人生的关键时刻,他们要栽跟头。事实上,越是不愿意吃亏的人,往往越吃亏,而且是吃大亏,而爱占便宜的人往往会失去做人的人格与尊严。

其实,吃亏不要紧,吃"眼前亏"是为了换取其他利益,吃点"眼前亏"更是为日后不吃亏而作准备。俗话说:"好汉不吃眼前亏。"现在的处世专家则说:"好汉要吃眼前亏!"因为眼前亏不吃,可能要吃更大的亏!可是有不少人碰到眼前亏,会为了所谓的面子和尊严,而与对方搏斗。有些人因此而一败涂地不能再起,有些人即使获得一些胜利,却元气大伤!

有一天,一头狮子向九只野狗提出一同猎食。它们猎了一整天,猎到了10只羚羊。到了平分战果的时候,狮子说:"看来我们要找个聪明人帮我们分才公平呀。"

这时一只野狗说道:"一对一就很公平呀。"

狮子大怒,就把那只野狗打晕了,其他野狗看到了这场面都吓坏了。这时又有一只野狗忽然说道:"我们九个兄弟加一只羚羊就是十,那么您加九只羚羊也是十,这样我们就都一样是十,就很公平了。"

狮子听了很开心,问他是怎么想到这么聪明的办法,野狗诚实地回答:"在您打伤我们兄弟的时候我就是这么想的。"

这则寓言很现实,显然,九只野狗都不是狮子的对手,这样的眼前亏不吃,还要落到比眼前亏更惨的境地吗?

所以说,好汉不妨吃点眼前亏,这个吃亏就是"舍",目的是以吃眼前亏来换取更多的机会,是为了生存和更高远的目标,这就是"得"。如果因为不吃眼前亏而蒙受损失或灾难，甚至把命都弄丢了，哪去说未来和理想？

  吃亏意味着牺牲与舍弃。只有那些心胸宽广的人才会懂得吃亏的学问，因为他们深深懂得世界上没有白占的便宜。乐于吃亏是做人的一种境界，是人格的一种升华。在交际处世上，主动选择吃亏的人，在未来都有可能得到福报。

选择低头，才能抬高身价

有些过于"聪明"的人总想让自己才华显露，所以只要遇到一展才华的机会，都不会放过。没人能一生一切顺利，那些"才华横溢"的人会把微小的才干也显露出来，使它成为自己身上的闪光点，觉得自己的"卓著才能"显示出来时，才能够令人震惊，然而事实却恰恰相反。

一位留美的计算机博士在美国找工作。有个"吓人"的博士头衔，求职的标准当然不能低。没想到，他连连碰壁，好多家公司都没录用他。思来想去，他决定收起所有的学位证明，以一种"最低身份"去求职。不久他就被一家公司录用为程序输入员。这对他来说简直是大材小用，但他仍然干得认认真真，一点儿也不马虎。

不久，老板发现他能看出程序中的错误，不是一般的程序输入员可比的。这时他才亮出了学士证书，老板给他换了个与大学生相称的工作。过了一段时间，老板发现他时常提出一些独到的有价值的建议，远比一般大学生要强。这时他亮出了硕士证书，老板又提升了他。再过了一段时间，老板觉得他还是与别人不一样，就对他"质询"，此时他才拿出了博士证书。这时老板对他的水平已有了全面的认可，毫不犹豫地重用了他。这位博士最后的职位，也就是他最初理想的目标。

——摘自《拿得起是一种勇气　放得下是一种度量》

这个博士的做法是聪明的，他先低头，然后寻找机会全面地展现自己的才华，让别人一次又一次地对他刮目相看。可见，越是有涵养、稳重的成功人士，越懂得保持低调，放下自己的身价。古代人也同样如此。

　　张良的祖上是韩国人，他的祖父张开地是韩昭侯、韩宣惠王、韩襄哀王时期的相国，而父亲张平则是韩厘王、韩悼惠王时期的相国。后来，秦灭韩之后，张良遣散300家僮，变卖了自己的所有家产，用来收买刺客，为韩国报仇。结果刺杀未遂，秦王大为震怒，命令在全国各地大举搜捕，捉拿刺客。无奈之下，张良改名换姓，逃亡到下邳（今江苏睢宁西北）躲藏起来。张良的流亡生活就开始了，这是张良人生的低谷。

　　张良在下邳，不敢让人知道行踪，心中的抑郁难以舒展，于是就喜欢去住所附近散散步。有一天，他闲逛漫步，走到一座桥上，迎面走来一个穿粗布短衣的老者。张良侧身让老者先过，谁知，那个老者走到张良跟前时，竟然故意将自己的鞋子丢到桥下。并且，还毫不客气地喝令张良："小子，下桥去把我的鞋取上来。"

　　张良本来见老者故意将鞋扔到桥下，觉得好生诡异。现在又见他命令自己下去拾鞋，心里很是气愤，正想转头就走。后又一想，看在老者年纪很大的分上，就强压住心里的怒气，到桥下把鞋子捡了上来，正要递给老者，谁知那老者竟然不伸手去接，还毫不客气地对张良道："既然捡上来了，就给我穿上吧。"

　　听了这样的话，张良更是怒气冲天，不过转念一想，既然都已经帮他捡了鞋，再帮他穿上也无所谓。于是，就跪着替老者将鞋穿好。老者也不客气，伸腿去穿。张良"低头"给老者穿鞋却连句谢谢都没有换来。老者只是笑了笑，抬腿就走了。没走多远，老者又背着手拐了回来，对张良说："孺子可教也，五天后的早上，还在这里会面。"

　　张良虽然心里觉得有些蹊跷，但也没有多想，就满口答应了。

　　五天后，天刚刚亮，张良来到桥上，老者已经在那里了。见到张良，老者生气地指责他："和长者相约，你小子却迟到了，太不像话了！现在回去,五天后,早点过来。"

第二次,鸡刚啼鸣,张良就前往赴约,可等他赶到桥上时,老者又已站在桥上等他。老者转身就走,生气地说:"你的架子好大啊,总要一个老人家等你。过五天再早点来。"

又过了五日,张良半夜就出发了,这一次终于赶在老者的前面到了桥上。

过了一会,老者来了,显得很高兴,笑眯眯地说:"这一次没有失约,这样做才对呀。如果你在长者面前都不能够做到谦卑,那么又怎么能够成大事呢?"说完,他拿出一册书,"你把这本书读透了,就可以胜任帝王的老师了,10年后一定会得到验证。13年后,我们会在济水再次会面,那济水之北谷城山下的黄石就是我。"说完,老者扭头就走了。

天明以后,张良发现老者送的书原来是《太公兵法》。此后,张良常常诵读这部兵书,后来终于成为刘邦的重要谋士,为刘邦出奇计,为汉室江山立下了汗马功劳,成为了西汉杰出的军事谋略家,他与韩信、萧何合称"汉初三杰"。

——摘自《拿得起是一种勇气 放得下是一种度量》

张良之前没有经过磨炼,行事鲁莽冲动,曾经去行刺秦王,根本谈不上充分发挥自己的雄才伟略了。当韩国灭亡的时候,秦国正处在强盛时期,实力雄厚。一个立法严厉、苛刻的政权,当它正露出锐利的锋芒时,即使有孟贲、夏育再世,也是不能逞强的,当它的权势受到削弱,走到末路时就可以乘虚而入了。

此时的张良因为肯低头,尊敬老者,得到了《太公兵法》,成为了一代将才,之后为辅佐刘邦打下汉室江山奠定了基础。由于张良懂得适时地低头,以至于后来"封侯拜将"不但没有"跌价",还极大地抬高了自己的"身价"。所以,有时候人低头并不是"不如人",相反有时还会有意想不到的收获!

选择看淡得失，才能活得洒脱

在每个人的人生中，得与失都是一门深奥的学问。害怕失去的人可能永远也得不到，只有舍得放下的人才能得到别人无法得到的东西。只有乐看人生起伏，笑对人生得失，人生才会逐步走向胜利。

人，因无而有，因有而失，因失而痛，因痛而苦。人总是从无到有就欢欣，从有到无则悲苦。其实，"有"有何欢？一切拥有都以失去为代价；"无"有何苦？人生本来一场空。有无之间的更替便是人生，得失之后的心态决定苦乐。缘来不拒，境去不留，看淡了得失，才有闲心品尝幸福。

靠近边塞的地方，住着一位老翁。老翁精通术数，善于算卜过去未来。有一次，老翁家的一匹马，无缘无故（大概是雌马发情罢）挣脱羁绊，跑入胡人居住的地方去了。邻居都来安慰他，他心中有数，平静地说："这件事难道不是福吗？"几个月后，那匹丢失的马突然又跑回家来了，还领着一匹胡人的骏马一起回来。

邻居们得知，都前来向他家表示祝贺。老翁无动于衷，坦然道："这样的事，难道不是祸吗？"老翁家畜养了许多良马，他的儿子生性好武，喜欢骑术。有一天，他的儿子骑着烈马到野外练习骑射，烈马脱缰，把他儿子重重地甩了个仰面朝天，摔断了大腿，成了终身残疾。邻居们听说后，纷纷前来慰问。老翁不动声色，淡然道："这件事难道不是福吗？"

又过了一年，胡人侵犯边境，大举入塞。四乡八邻的精壮男子都被征召入伍，拿起武器去参战，死伤不可胜计。靠近边塞的居民，十室九空，在战争中丧生。唯独老翁的儿子因跛脚残疾，没有去打仗。因而父子得以保全性命，安度残年余生。所以福可以转化为祸，祸也可变化成福。这种变化深不可测，谁也难以预料。

——摘自新浪好运如涛的博客（http://blog.sina.com.cn/yuntao21）

塞翁失马，焉知非福。其寓意是在讲福和祸不是一成不变的，而是相互转化的。福兮祸之所倚，祸兮福之所伏。任何事情都有它积极的一面和消极的一面。面对困境，如果一个人能够从容冷静，顽强拼搏，那么这就会成为他人生奋起的财富。相反，如果他因此而一蹶不振，黯然神伤，甚至失去生活的勇气，那么这只能是一场灾难。

作家史铁生身患残疾，整日只能坐在轮椅上，不能过正常人的幸福生活。可以说这是他人生的不幸，然而他却用自己的生命去思考人生，用残缺的身体向世人表达健全的思想。他所经历的是常人难以想象的苦难与挫折，但是他字里行间所流露出的是让人感动的幸福与快乐。

史铁生的《我与地坛》是脍炙人口的名篇，多少年来感动了无数的读者。大家都被他在忍受病痛时不屈不挠的顽强精神所折服，被他那颗深邃而又坚强的灵魂所震撼。史铁生失去的是常人的健康，但他收获的却是用生命换来的人生感悟。他自强不息的精神早已成为了一种无形的力量，激励着一代又一代的后辈向厄运挑战。

人的一生充满荆棘和坎坷，不会一帆风顺。当面临人生的苦难时，不要抱怨命运的不公，也没必要羡慕别人的财富。有的人自怨自艾，萎靡不振，而有的人则不屈不挠，在与痛苦相搏的过程中，感悟生命，获取人生的真谛。一个人在失去的同时，他也获得了别人没能拥有的东西。有时一个人最绝望的时刻或许正是他人生迎接曙光的转折点。

世界著名男高音歌唱家帕瓦罗蒂有一个有趣的故事，它发生在帕瓦罗蒂30岁那年，当时他还是一个名不见经传的无名小卒。当时他应邀到法国的里昂参加一个演唱会。为了很好地准备这个演唱会，他提前一天赶到里昂，准备好好休息一晚上。于是他住在了歌剧院附近的一个小旅馆里。

一路上，帕瓦罗蒂十分劳累，很快便进入梦乡。当他睡到半夜的时候，突然被隔壁房间婴儿的啼哭声吵醒了。他原以为孩子哭几声也就停止了，可万万没有想到，孩子竟一直大哭不止。

帕瓦罗蒂没有办法，只好用被子蒙住头，可那啼哭声仿佛是具有魔法的歌声，颇具穿透力，仍不停地在耳畔萦绕，这让帕瓦罗蒂十分苦恼。这样折腾了将近半个多小时后，他只好披着被子在地上散步，心中一次次祈祷着孩子的哭声早点停止。可那孩子好像根本没有要停止的意思，而且一声比一声洪亮。无奈之下，他只好把孩子的哭声当歌声来听，渐渐地他开始佩服起这个孩子来，我唱歌一个小时嗓子都要沙哑了，可这孩子的声音为什么依然洪亮？难道有什么了不起的地方吗？

如此一想，帕瓦罗蒂立刻变得兴奋起来，匆忙回到床上，将耳朵贴在墙上，细心倾听起来，他竟然发现小孩的哭声很有学问，孩子到声音快破的临界点时，会把声音收回来，这样声音就不会破裂，这是因为孩子用丹田发音而不是用喉咙。又听了一会，帕瓦罗蒂也学着用丹田发音，试着唱到最高点，永远保持第一声那样洪亮。

帕瓦罗蒂练了一个晚上，在第二天的演唱会上，他以洪亮的歌声征服了观众。从此后他便闻名全球，成为世界著名的歌唱家。

其实，人生就是这样不断循环的一个过程，我们总在失去中得到，又在得到中失去。正因如此，我们才不必太去在意。只要我们善于利用每个机会，就会将不利转化为有利，让自己在失去中寻求机遇，把握良机，就能获得成功。

大地滋养世间万物，万物牢记大地的恩情，化作泥土后念念不忘，将自己的身躯馈赠给予恩人。万物尚且如此，人世间又何尝不是？大千世界，每天都处在不断变化之中，当我们接受了这种变化，便是真的悟懂了"得失"之理，由此，我们就能活得洒脱。

学会放弃，让人生变得更有价值

世界原本就不是属于你，因此你用不着抛弃，要抛弃的是一切的执著。万物皆为我所用，但非我独有。这句话字里行间说明了一个道理，那就是不是什么东西都属于自己，有时候，更要懂得放弃，也许放弃只是为了有一种更好的选择。

有这样一个寓言故事：有两条河流从源头出发，相约流向大海。它们穿过山涧，来到了沙漠的边缘。一条河流说："我一定要流过去。"另一条则说："不如回去再辟新径吧。如果继续前进，我们可能走不出沙漠就干涸了。"结果一条河流继续前进，干涸在沙漠里；另一条回到源头，再辟新径，最终流向了大海。

正是因为放弃，第二条河流才获得了新生。放弃对我们而言也许是痛苦的，但是我们每一次深思熟虑后的放弃都将无愧于自我，学会了放弃，我们才能够向成功的彼岸迈进。这样不但能使人取得成功，也能使人生更有价值。

有一次，贝克·利维斯和一位朋友在郊外打到了五只兔子，他们决定晚上在这里住下来，好好享受他们的打猎成果。

后来他们就地取材，把打到的猎物放到火上烤起来。没用多长时间，空气中就充满了诱人的香味。正当他们准备大快朵颐的时候，带来的那两只猎狗突然咆哮起来,并朝着西北方飞奔而去。朋友怕遇到什么猛兽,便拿起自己的猎枪,准备走过去看一看。贝克·利维斯拉住他说:"不用看了,凭我的经验,这是一只狐狸。"顿了顿,贝克·维斯接着说:"狐狸真是一种非常聪明的动物,在五年前,就曾经有一只狐狸让我眼睁睁地看着它逃跑了!"于是,贝克·利维斯开始给朋友讲那件五年前的事情:"五年前,我还不是很喜欢用枪,那时候我最喜欢用的是捕兽器。有次,我听到捕兽器的铃铛响了,开始以为是只兔子,等走过去看,原来是一只狐狸。那只狐狸看到有人来了,非常地害怕,拼命地挣扎起来。但是捕兽器夹住了它的一条腿,它根本无法逃脱。眼看就要被捉走了,那只狐狸做出了一件让我非常吃惊的事情,它毫不犹豫地咬断了自己被捕兽器夹住的那条腿,然后朝着远方跑去。"

这件事让贝克·利维斯记忆犹新,朋友在听过之后,也觉得狐狸非常聪明。贝克·利维斯认为,狐狸这样做其实是非常值得的,因为它尽管付出了一条腿,但是却救了自己一条命。

人生本来就是一个选择的过程,从出生到终老,我们无时无刻都在面临着各种各样的选择。面对选择,每个人都想选择最好的,最适合自己的,但并不可能每次的选择都会尽如人意。在选择面前,有时候也需要理智地放弃一些利益,为长远的打算做准备。在必要的时候懂得放手,是一种脱俗的境界,也是一种成熟的表现。

一个青年背着个大包裹千里迢迢跑来找无际大师,他说:"大师,我是那样地孤独、痛苦和寂寞,长期的跋涉使我疲倦到极点,我的鞋子破了,荆棘割破双脚,手也受伤了,流血不止,嗓子因为长久的呼喊而喑哑……为什么我还不能找到心中的阳光?"

大师问:"你的大包裹里装的什么?"青年说:"它对我可重要了。里面装的是我每一次跌倒时的痛苦,每一次受伤后的哭泣,每一次孤寂时的烦恼……靠着它,我才能走到您这儿来。"

于是,无际大师带青年来到河边,他们坐船过了河。上岸后,大师说："你扛着船赶路吧！""什么，扛着船赶路？"青年很惊讶，"它那么沉，我扛得动吗？""是的，孩子，你扛不动它。"大师微微一笑，说："过河时，船是有用的。但过了河，我们就要放下船赶路，否则，它会变成我们的包袱。痛苦、孤独、寂寞、灾难、眼泪，这些对人生都是有用的，它能使生命得到升华，但须臾不忘，就成了人生的包袱。放下它吧！孩子，生命不能太负重。"

青年放下包袱，继续赶路，他发觉自己的步子轻松而愉悦，比以前快得多。原来，生命是可以不必如此沉重的。

——摘自2007-10-08飘零雨儿泪的博客（http://blog.sina.com.cn）

一位哲人曾经说过："放弃是一种艰难的选择，也是一种更高的境界。但是，这种境界和选择却是我们面对人生际遇时所必须具备的。我们不要舍不得，也不要害怕，就算我们还达不到那种超脱的境界，放弃也会让我们变得更洒脱一些。"

懂得放弃的人，你的人生将不会那么疲惫，整个身心将沉浸在轻松休闲的宁静之中；懂得放弃的人，你将会有更好的机会和机遇，去实现自己的愿望和梦想；懂得放弃的人，将会有更好的精力和更强的力量去做自己最想做的事情；懂得放弃的人，你的心灵便得到一份超脱和自信。

生活中，我们一定要知道自己在什么时候应该选择坚持，在什么时候应该选择放弃。当我们学会放弃的时候，就预示着我们开始渐渐成熟起来；当有所放弃的时候，证明我们已经成熟了。

人生总是有舍才有得

人生总是有得有失。一个人只有将个人得失置于脑后,才能够轻松对待身边发生的事,遇事从大局着眼,从长远利益考虑问题。所以,面对失去我们要坦然,胸襟更豁达一些,眼光更长远一些,只有摒弃不必要的留恋与顾盼,把精力集中于人生更美好的事情上去,才能绘制出美丽的蓝图。

世界上总是有这么两种人,他们的健康、财富以及种种生活享受等都大体相同,但是一种人生活得非常幸福,另一种人却并不幸福。这点在很大程度上是他们对人、对事的不同看法,以及这些看法对他们心灵所造成的影响。

《老子》中说:"祸兮福所倚,福兮祸所伏。"得到了不一定就是好事,失去了也不见得是件坏事。正确地看待个人的得失,不患得患失,才能真正有所收获。人不应该为表面的得到而沾沾自喜,认识人,认识事物,都应该认识他的根本。得也应得到真实的东西,不要为虚假的东西所迷惑。失去固然可惜,但也要看失去的是什么,如果是自身的缺点、问题,这样的失又有什么值得惋惜的呢?

人生得失无定时,要笑看人生起伏。弗斯特的公司曾经与劳埃德·弗莱公司有过一年的合作关系,弗斯特以规定的价格向他们购买材料。弗斯特的公司是他们最大的客户之一。

一次，他们的副总裁伍迪·伍德沃德提出想要与弗斯特在匹兹堡全面讨论一些重要的事。弗斯特前一天晚上到达，第二天早上的早饭时和他会面。弗斯特知道他在想什么。果真，他说："我仔细地考虑了一下我们现在的合同，发现我们现在无法按照合同上的价格给你提供材料。"

弗斯特本来可以对他说："你自己找的麻烦自己受吧，我们七个月以后再谈。"这样，他将不得不按合同给弗斯特供货，但他无疑会因此而感到不愉快。弗斯特还可以对他说："好呀，我听你的。但是记住，你欠了我的，不是吗？"

但弗斯特的事业正在发展，他需要与这个重要的供货商保持长期的、稳固的关系，于是，弗斯特说："请你告诉我你打算要什么价？"

他说："单价20分。"他解释了这一要价的原因。

弗斯特在房间里踱了一会儿步子，然后在纸上写下了一个数字——他已经想好自己要做什么。弗斯特说："我给你25分。"

他非常吃惊："等一下，我说过我只要20分。"

弗斯特说："我知道，但是我可以出25分。"

他问："为什么？"

弗斯特说："请告诉我你打算与我合作多长时间？"

他说："三年。"

弗斯特得到了一个长期的承诺，对方得到了一个好的价钱。当他向他的总裁——一个十分强硬的人汇报时，伍德沃德将会被视为一个英雄。弗斯特几乎可以想象他们会议室里的谈话：如果对方主动愿意多提供给我们5分钱的价格，那说明他是值得长期合作的。

——摘自《学会选择 学会放弃》

人生得失无常，以上的故事就是最好的佐证。有舍才有得，外在的放弃让你接受教训，心里的放弃让你得到解脱。世上的事往往是相辅相成的：拥有之中便有失去，缺乏当中又自有获取。将人生的镜头调到不同的角度，便会产生奇妙的结果。"没有"之中的快乐，就是我们把人生当成一种得与失的循环而顺其自然寻其明亮的结果。我们的周围，有许多患得患失的人，他们大多把个人的得失看得过重。其实人生百年，贪欲再多，钱财再多，也一样生不带来死不带去。过于注重个人的得失，将使一个人变得心胸狭隘、斤斤计较、目光短浅。

儿子被噼里啪啦的抽打声打断了他的美梦，睡眼朦胧的他猛然间发现母亲正在抽打樱桃树的花，第一棵已经抽打完了，正准备抽打第二棵，他一个箭步冲过去抱住妈妈，死也不让她抽打。

母亲见解释不清楚，就摇摇头说："好，那么到秋天你就知道是怎么回事了。"夏天到了，母亲抽打过的那棵树像往年一样结满了青青的樱桃，而儿子保护下来的那棵树则结得满满一树的樱桃，儿子冲着母亲一笑，母亲笑而不答。

秋天来了，母亲抽打过的樱桃树结满了诱人的红中透黄的樱桃，但儿子保护下来的樱桃树依旧是绿色的，慢慢地，樱桃开始大片大片地掉在地上，树叶开始枯萎，枝干开始僵硬，这颗樱桃树就这么死了。

——摘自《抽打心中的樱桃花》

母亲以一颗樱桃树的代价告诉儿子这么一个道理：人有时候该学会舍弃。美丽的樱桃花的确让人很舍不得让它花落成泥，但为了有个好的收成，也为了这棵樱桃树的生命，樱花不得不做着它的牺牲品。同样的，人也有许多舍不得丢弃的东西，但是为了顾全大局，该舍去的东西还是要舍去的，正如"不要为了一棵树而放弃整片森林"。

学会舍弃吧，它将使你受益无穷，因为，舍弃也是一种智慧。想想生活中我们的那些舍弃带给我们的好处——没有大把大把的钞票，也未必没有快乐。最起码，不会因为钞票太多而提心吊胆，睡不好觉，生怕小偷入屋行窃，歹徒拦路打劫，不是富翁，可以活得轻松；没有炙手可热的职权，固然领略不到众星拱月的威风，却因此独守一份真实的清醒，不至于骄横跋扈而遭人痛恨；没有成为名扬天下的名人，就不会被别人瓜分掉自己的时间，就无需经常往返于宴席与酒会之间，使肠胃受满载之苦，自然也不必总是衣冠楚楚、规行矩步、不苟言笑；没有高贵的家世、时髦的"背景"，你便大可完整而真实地直面众俗，靠自己的每一个进取来证明一种真实的人生价值。

人的一生，一路走来我们会发现不知不觉中自己已经放弃了很多东西，而没有这些放弃，就不会有你今天的人生。当我们选择走其中一条路的时候，就注定要错过另一条路上的风景。上天是公平的，它在这里让我们有所遗憾，就会在另外一处给我们补偿。如果它现在给了我们痛苦，将来就一定会给我们幸福，因此，当我们选择舍弃的时候，不要总以为这是人生中的一大遗憾。毕竟，我们还是有回报的。

拿得起，就该放得下

每个人都会经历这样的一个过程，得到与失去。成功与失败总是交错地出现在我们人生的每一个阶段。得到的时候，不矫饰；失去的时候，不言败。不仅要经得起成功的洗礼，更要受得住失败的考验。在得失成败之间，要有拿得起、放得下的精神。

法国哲学家、思想家蒙田说："今天的放弃，正是为了明天的得到。"放下虚荣，赢得从容的人生；放下妒忌，赢得幸福的人生；放下恐惧，赢得勇猛的人生；放下冷淡，赢得热情的人生；放下拖延，赢得勤快的人生；放下猜疑，赢得博大的人生；放下犹豫，赢得果断的一生；放下浮躁，赢得淡泊的一生。

执着是强者的姿态，放弃是智者的潇洒。拿得起是不懈地拼搏，放得下是无限地洒脱。漫漫人生路，不同的阶段有不同的责任。当抉择的时候，就要敢于排除万难，敢于放弃，只有这样，才会找到人生的出路。

人的一生犹如乘坐在火车上的长途旅行，只要是到了站点就必须下车，一旦错过将永远失去机会，将会一辈子痛苦和遗憾。所以当面临人生的选择之时，该放弃的就要果断放弃，不能因一时的留恋不舍而与千载难逢的机会失之交臂。学会了放弃，就会保持一种安然祥和的心态，生活便不再浮躁，将会变得充实；学会了放弃，才能分辨清楚自己下一步该如何走，为自己的人生规划制定切实可行的蓝图。

有一个年轻人很要强，他希望自己在任何方面都出类拔萃，他的理想是成为一名大学问家。数年过后，他将自己的精力分散在各个方面，尽管都有所收获，但是自己的学问却不见增长。为此他整天郁郁寡欢，不知出路在何方。

有一次，他有幸去向一位大师请教。当他把自己的现状告诉大师后，大师便要求带他去爬山。那座山的山顶风景十分迷人，山路上的石头更是形状各异，惹人喜爱。大师让年轻人背上一个书包，只要见到自己喜欢的石头，就让他放进包里。当他们爬到半山腰时，包里的石头已经装得满满的。这时年轻人已经精疲力尽，无力再爬了。本来年轻人还想领略山顶的美景，体会爬山的快乐，这时他的任何欲望都被打消了。

这时大师劝他将包里的石头拿出来，停下来休息片刻。一会儿他们再接再厉，最终爬上了山顶。事后年轻人茅塞顿开，知道了自己苦恼的根源所在，随后的时间里，他一门心思研究一种学问，他的学问果然提升很快。

现实中很多人每天忙得不亦乐乎，一天下来却仍是一事无成。这是因为他不分青红皂白，所有的事一起做，不会放弃次要的，抓紧重要的，结果只能是分散了精力，徒劳无功。

管理学中有一个"二八法则"，它指的是在任何一组东西中，最重要的通常只占其中的20%，而其余80%尽管占了大多数，却是次要的。美国企业家威廉·穆尔创业之初仅仅是一个格利登公司的油漆销售员。后来他根据销售业绩画了一份销售图表，经过仔细分析，他发现自己80%的受益主要来自20%的客户，但是他却对所有的客户花费了同样的时间。穆尔从未放弃这一原则，这使他最终成为了凯利-穆尔油漆公司的主席。

成功不仅钟情于坚持真理的执著者，更偏爱勇于放弃的理智者。青出于蓝而胜于蓝，世上没有永远的强者。大海有高潮也有低潮，人生有高峰也有低谷。一个人不可能是永远的浪尖，不可能永远是顶峰。当命运需要舍弃名利全身而退时，只要曾经拥有就足矣，完全没必要继续争取，若仍然在苦苦地挽留夕阳，只能久久地感伤春光。人生必须有所放弃，一味地执着只会带来无尽的烦恼。如果执着是强者的姿态，那么放弃是智者的潇洒，拿得起是不懈的拼搏，放得下是无限的洒脱。

"现代童话之父"安徒生写过一篇《老头子总是不会错》的童话，他讲的是一对老夫妇的故事。

从前，村里有一对老夫妇。虽然他们的生活过得清贫，但是多少年来他们相濡以沫，同甘共苦。

有一天，由于家里缺钱花，所以他们打算将家里的马拉到市场上卖掉，换点更有用的东西。对于他们来讲，这匹马可是家里上上下下最值钱的东西。

老头子牵着马来到了集市。只见那里人来人往，他先和别人用马换了一条母牛，后来又用母牛去换了一头羊，紧接着他又用羊换来一只肥鹅，又由鹅换了母鸡，最后用母鸡换了别人的一大袋苹果。

在老头眼中，自己的每一次交换都会给老伴一个惊喜。当他扛着一大袋子苹果来到一家小店休息的时候，他遇上了两个英国人。在闲聊中，老头子将今天发生的一切告诉了英国人。那两个英国人听后哈哈大笑，说他回去一定会受到老婆子的批评。

倔强的老头子并不这样认为，于是英国人下决心用一袋金币和他打赌，如果他回家后没有受到老伴责罚那么金币就属于他了。于是三个人一起回到老头子家中。

老太婆早已在门外等着老头子。她一见老头子回来，非常高兴，又是给他拧毛巾擦脸，又是端水给他解渴。稍微休息后，老头子将自己的经历毫不隐瞒地讲给老太婆听。

当老太婆听到老头子用一种东西换另一种东西时，她总是激动不已，充满了对丈夫的钦佩。当她听到用马换来了牛的时候，不仅自言自语道："哦，我们有牛了。""羊奶也不错，同样好喝。""哦，鹅毛多漂亮！""哦，我们有鸡蛋了！"

当她听到老头子背回一袋已开始腐烂的苹果时，她并没有大发雷霆，而是不愠不恼，说道："那样的话，我们今晚就可吃到苹果馅饼了！"说完她不由搂起老头子，深情地吻了一下他的额头。

结果不言而喻，英国人输掉了一袋金币。

这对老夫妇相亲相爱，相互包容。虽然失去了一匹马，但也换来了一袋烂苹果，有一顿苹果馅饼吃。生活中既要拿得起，又要放得下。有了包容就会相互谅解，就不会有莫名的争吵与不解。

拿得起是强者的风范，是智者的执着。它需要理智的思维、超人的自信、积极的心态、睿智的头脑、顽强的意志、强有力的行动等。具备这些品质，拥有这些条件，一个人才可能在残酷的竞争中排除万难，激流勇进，勇往直前，通向成功。

拿得起纵然可取，放得下也是尤为重要。它是迈向成功的催化剂，促使每个人早日走向人生的正轨，畅然前行；它是到达顶峰的指南针，指引每个人尽快攀登人生的高峰，一览美景。

现实中，很多人一辈子都被人生的得失所困扰，其实人生究竟是复杂还是简单，完全取决于人的心态。斤斤计较者会认为人活一辈子实在很复杂，而乐观豁达者则认为人生在世其实很简单。一个人与其繁重劳累地奔波，不如轻松自在地生活。拿得起，放得下才是人生的真谛所在。

放弃也是一种生存智慧

欧洲流传着这样一首广为人知的谚语：为了得到一根铁钉，我们失去了一块马蹄铁；为了得到一块马蹄铁，我们失去了一匹骏马；为了得到一匹骏马，我们失去了一名骑手；为了得到一名骑手，我们失去了一场战争的胜利。要是早日舍得丢弃那块铁钉，马蹄铁便不会失去，骏马、骑手乃至战争的胜利也不会错过。这真是一招错过，满盘全输！因此只有善于割舍，做出小牺牲，才不至于最后落得一无所有的惨败下场。

只有勇于割舍才能得以生存。众所周知，壁虎在遇到困难时，通常会咬断自己的尾巴，让尚能抖动的尾巴吸引敌人的注意，从而自己趁机逃之夭夭。狡猾的狐狸被猎人抓住后，为了得以生存，它们会咬断小腿得以逃生，保存性命。这就是动物的逃生法则。

留得青山在，不怕没柴烧。为了求生，壁虎的断尾，狐狸的断腿，都是一种假象，尽管它们做出了巨大的牺牲，但其背后它们所表现的是强烈的生存欲望。当遇到生命危险时，敌我双方实力悬殊，而自己又处于劣势，如果不在这关键时刻做出定夺，势必将来会自身难保，惹来杀身之祸。这时一味的坚持只会招来一命呜呼的横祸，而暂时地做出自我牺牲，给自己留一个逃生的机会不失为妙计。

勇于割舍，敢于牺牲局部利益来保全更大的利益，这是智者的生存

第四章 敢于选择，学会放弃

之道。不过它有一个前提条件，那就是不得侵害别人的利益，即不能为一己之利，损害他人之利；不能为暂时之利，损害长久之利；不能为局部之利，损害整体之利。如果仅仅为了一己之利，损人利己，贻害无辜，那非君子所为。结果只能是自己永远要受到良心的谴责，终生无比内疚与悔恨，甚至被别人认为是见利忘义之流，忘恩负义之辈。

当一个人处于危难的时候，要学会割舍那些相对次要的利益，不要将它们看得很重，有时牺牲一点小利益会防止自己受到更大的损失，否则因小失大会让自己得不偿失。

钢铁大王安德鲁·卡耐基在年轻时曾做过铁路公司的电报员，一次假日里轮到他值班，突然来了一封紧急电报，内容令卡耐基差点儿从椅子上跳了起来。紧急电报通知：在附近铁路上，有一列火车车头出轨，要求上级照会各班列车改换轨道，以免发生追撞的意外惨剧。

由于是假日，卡耐基怎么也找不到可以下达命令的上司，眼看时间一分一秒地过去，而一班载满乘客的列车正急速驶向出事地点。卡耐基不得已，只好敲下了发报键，冒充上司的名义下达命令给列车司机，调度他立刻改换轨道，从而避免了一场可能造成多人伤亡的惨剧。

按当时铁路公司的规定，电报员擅自冒用上司名义发报，唯一的处分就是立即撤职。卡耐基十分清楚这项规定，于是第二天上班时，就把写好的辞呈放到了上司的桌上。让卡耐基没想到的是，上司当着卡耐基的面，将他递过来的辞呈撕碎，还拍拍卡耐基的肩头说："你做得很好，我要你留下来继续工作。记住，这世界上有两种人永远原地踏步，一种是不肯听从命令行事的人，一种是只听从命令行事的人。幸好你不是这两种人中的一种。"

——摘自2012-06-08 yang_Damana博客（http://blog.tianga.cn）

卡耐基在危机关头，权衡了两种选择将造成的损失之后，毅然选择了违背固定的制度，冒着失去工作的危险，来保全更多人的生命。这件事不仅表现了卡耐基舍己为人的无私精神，还体现出卡耐基对待规则的灵活与做选择时的睿智和果断，正是这两点促成了他做出了正确的选择。

在人生的大风浪中，我们常常学船长的样子，在狂风暴雨之下把笨重的货物扔掉，以减轻船的重量。生活就是苦乐相伴、悲喜交加、得失相随，拥有一颗豁达、开朗的心，就会使平凡暗淡的生活变得有滋有味。

有一位名叫麦克的英国青年非常热衷于诗歌，虽然一直默默无闻，但他还是发誓要成为一名最伟大的诗人。

有一天，麦克在自家的花园里散步，一阵强风吹过树梢，树上的鸟窝纷纷被吹落到地上。正当他对着地上的鸟窝伤感沉思时，却发现两只小鸟已经开始在枝头另筑新巢了。

麦克顿时喜上眉头，刹那间悟透了生命的意义，珍爱生命就必须学会放弃，一个"窝"被毁了，我们要做的只是再建一个。

于是，麦克不想一直默默无闻，开始投身企业。几年后他成了一名成功的商人。

这样想来，对成功的渴望，不仅仅在于对理想的执著，更多是在于果断而及时地放弃。漫漫人生路并非一马平川，难免有磕磕绊绊。我们学会了竞争，学会了占有，而少有人真正学会了放弃。此路不通，换一条走走，总有一条会适合自己，总有一条可以通向成功。当你以一副义无反顾的架势艰辛地在一条路上跋涉的时候，也许，另一条路上正鲜花开放，笙歌四起。

放弃，不是"轻言失败"，不是遇到困难阻碍就退却、屈服，而是迎难而上的另一种方式，是急流勇退的最好表达。放弃遥不可及的幻想，放弃孤注一掷的鲁莽，多几分冷静和沉着。再回首时，才会发现，曾经的放弃是多么明智的选择。放弃是一种坦荡的心境，是一种大度的气概。放弃是这样一种选择：既是遍历归来的路，又是重走旅程的路；既是对过去反省三思的路，又是对未来满怀憧憬的路。

放弃，是意志的升华，是精神的超脱，是一种高深的境界。学会了放弃的人是真正的大智大勇。人生其实只是一段路，从这头走到那头，可以哭，可以笑，却没有停止的理由。经历了重重磨难，经过了大悲大喜、大起大落，才会真正明白放弃的内涵。学会放弃，放弃对名利的追求，放弃对金钱的索取，退一步，不会是永远的失败，却可能是海阔天空、柳暗花明。

放弃行囊，是让自己轻装上阵。短暂的放弃和长久的拥有，得与失之间就是如此在回转。因此，不会放弃的人已经在不知不觉间放弃了太多。固守着一寸土地，牢牢护卫着一朵快要枯死的花朵，时间慢慢地流逝，思想在寂静中凝固成一堵砖墙，最终你只能看到凋零的一抹枯黄。须知天涯何处无芳草，何必为了一朵花而放弃满园芬芳呢？

不会放弃的人，不会拥有全新的自我，不会拥有属于自己的明天，只能在苦苦坚持中痛苦，错过人生的精彩，在踌躇徘徊中迷失自己。不会放弃的人，只是在慢慢消耗自己的生命。犹如一只超载的大船，在茫茫大海中随波逐流，是没有希望穿洋过海到达彼岸的。

只有学会放弃的人，才能看到未来的晴空。但放弃，是一种艰难的选择，在这个竞争激烈的社会，无论是为了我们的生活，还是为了我们的理想、信念，若能做到真正的放弃，更是难能可贵。学会放弃，让伤心随风而逝，从此快乐相随……

放弃需要有"敢冒天下之大不韪"的魄力。当然放弃要面对各种压力，或来自社会，或来自世俗。中国科学界元勋——"中国导弹之父"钱学森，为了报效祖国，毅然放弃国外的优越待遇，千方百计回到祖国。为了祖国的明天，他做出了正确的选择。

适当放弃，生活才会更美好

人生在世，有许多东西是需要果断放弃的。在仕途中，放弃对权力的争夺，随遇而安，得到的是宁静与淡泊；在淘金的过程中，放弃对金钱无止境的索求，得到的是安心和快乐；在春风得意、身边美女如云时，放弃对美色的猎取，得到的是家庭的温馨和美满。

一个人只有懂得放弃，才能在放弃中成长。因为人成长的过程，就是不断放弃的过程。我们度过童年的纯真，少年的快乐，中年的烦恼，渐渐长大、渐渐变老。从多少次失败打击中清醒，从多少次挫折坎坷中顿悟，于是有了一次次的蓦然回首。世界上很多事不能过于强求，有时要懂得放弃，要心甘情愿地放弃。

我们随时淘汰那些不再需要的东西，省去了集中处理的精力，平时家中也显得简洁舒适。人类本身就有喜新厌旧的习惯，都喜欢焕然一新的感觉，但是如果不懂放弃，那么无论如何也无法焕然一新。所以，学会放弃也是一种境界，大弃大得、小弃小得、不弃不得。学会放弃生命中可有可无的东西，心胸自会坦然。

有一个年轻人准备长途跋涉去旅行，他想得非常周到，随身带了一个沉重的背包，里面塞满了各种各样的东西，如食品、切割工具、衣服、指南针、药品等。年轻人对自己的安排非常满意，为这次旅行做好了充分的准备。

一位智者检查完他的背包之后，突然问了一句："这些东西让你感到快乐吗？"年轻人愣住了，这是他从来没有想过的问题。他开始问自己，结果发现，有些东西的确让他很快乐，但是，有些东西实在不值得背着走那么远的路。

年轻人决定舍弃一些不必要的东西。接下来，因为背包变轻了，他感到自己不再有束缚，而且还能体会到旅程中的方便与惬意，旅行变得更愉快了。

——摘自《生命之舟需轻载》

这个年轻人就是真正聪明的人，因为他懂得放弃。他放弃了沉重，获得了轻松；放弃了束缚，获得了愉快。其实，人要有所得必要有所失，只有学会放弃，才有可能登上人生境界的顶峰。很多时候我们羡慕在天空中自由自在飞翔的鸟儿，因为鸟儿们总是欢唱于枝头，跳跃于林间，与清风嬉戏，与明月相伴，饮山泉，觅草虫，无拘无束，无羁无绊。从来没有谁见过鸟儿们因为对自己不满意而停止了跳跃。

该执著时执著，该放弃时放弃，衡量清楚，知己知彼，才不会太辛苦。很多事情的结局一开始就已经注定了，做再多的努力也不过徒费心机。既然这样，我们何不放弃呢？放弃，何尝不是一种解脱呢？得何以喜，失又何以悲？要坚信：一个浪花消逝时，必将激起另一个更加美丽的浪花。

有人说："得不到的东西永远是最美丽的。"既然明知不可能得到，又何必为此朝思暮想呢？不如面对现实，彻底把它放弃，同时也给自己一个追求新目标的机会。"为伊消得人憔悴"，是否真的能够做到"衣带渐宽终不悔"呢？不如把这份美丽长存心中，好好珍惜和享受一些已经拥有的美丽。

人生如果不懂得放弃不属于自己的东西，就不会珍惜身边的美好并拥有它，结果就会弄得想要的追求不到，本来拥有的也失去了，可能变得一无所有。只要自己适当地选择执著与放弃，不过于强求，任其自然，往往在不经意间就能找到真正适合自己和属于自己的东西。我们应该明白，所有开始都是美丽的，所有结束都是真实的，所有震撼的心情也许都只是我们走向泥潭的借口，所以我们要变得坚强起来，做一个坚强的人，勇敢面对昨天、今天还有明天……

人，应该像竹笋一样，每长高一点，就要顶破一层土。人生不是没有生机，而是像鲜花一样绚丽多彩，如枫叶一般如火如荼。这样一条坎坷不平的漫长征途，既有荒凉的大漠，也有艰险的峡谷，既有宽敞平坦的大路，也有弯曲狭窄的小道。跌倒了，有些人从此一蹶不振，而有的人却知难而进，为此，他看到了太阳的光辉，看到了人生的美好。如果你百般努力却成功无期，你不妨学会放弃，换一种活法，或许会让你惬意无比。适当地放弃何尝不是一种美德？

人生本来就是一场角逐，你若能保持头脑清醒，在人群之外，在功利之外，你就不会成为受伤的角斗士，你就能抵挡得了虚华的诱惑，就能放弃对虚华的渴求。我们有过许多梦想，但不是每个梦想都可以实现，当满怀的希望落空时，生活也似乎变得阴暗了。过分地执著于一个不可能实现的梦想，对于人生是一种太过沉重的负担，一种负面的影响，甚至是一种伤害。所以要懂得放弃。

有些人总喜欢不切实际地给自己加压，并不肯放下，自谓为"执著"。执著于名与利，执著于一份痛苦的爱，执著于幻美的梦，执著于空想的追求。数年韶华逝去，才嗟叹人生的无为与空虚。他们总是固执得任性，由"我想做什么"到"我一定要做到什么"。理想与追求反而成为一种负担，就像逐日的夸父始终也没能追上太阳的东升西落。他们不懂得适当地放弃。

一位著名作家写过这样一则短篇故事：有个农夫，每天早出晚归地耕种一小片贫瘠的土地，但收成很少。一位天使可怜农夫的境遇，就对农夫说，只要他能不断往前跑，他跑过的所有地方，不管多大，那些土地就全部归他所有。

于是，农夫兴奋地向前跑，一直不停地跑！跑累了，想停下来休息，然而，一想到家里的妻子、儿女，都需要更大的土地耕作来赚钱啊，所以，他又拼命地再往前跑。农夫上气不接下气，他真的累了，实在跑不动了！

于是，农夫又想到将来年纪大了，可能没人照顾、需要钱，就再打起精神，不顾气喘不已的身子，再奋力向前跑！

最后，他体力不支，"咚"地倒在地上，死了！

——摘自《放弃的勇气》

人活在世上，必须努力奋斗，当我们为了自己、为了子女、为了有更好的生活而"往前跑""拼命赚钱"时，也必须清楚有时该是"往回跑"的时候了！因为我们的家人可能正眼巴巴地倚着门等我们回来呢！

所以，学会放弃吧！放下因为执著而背负的压力，做一个聪明的人。放弃是一种睿智、一种豪气，放弃是真正意义上的洒脱，是更深层面的进取！世界上，除了你自己，没有什么不可以放弃，不能够放弃。

你放弃了烦恼，从此便与快乐结缘；你放弃了利益，从此便步入超然的境地；你放弃了虚华，从此便获得超脱。放弃，你就可以轻装上路；放弃，你就可以解开烦恼、摆脱纠缠，整个身心投入在轻松悠闲的宁静中去。只要能看透人生的真谛，就能经受得起任何诱惑。只有学会放弃，生活才能因此变得更加美好！

第五章
把握自己，好心态造就好未来

　　心态决定一个人的命运，有什么样的心态就有什么样的未来。一个人，要想自己的人生丰富多彩、更有价值、更有意义，那么就必须要学会把握好自己的心态，用积极的眼光去看待周围的人、事、物。

要永远保持锐意进取的豪情

曾听过这样一个故事：一个算命先生为一个人算他的将来，说这个人20多岁时诸多不顺，30多岁时虽多方努力仍一事无成，那人焦急地问："那40岁呢？"算命先生说："那时，你已经习惯了。"这是一个让人内心猛然一震的故事，竟有种醍醐灌顶的感觉，而那些曾经努力过但是没能成功最终选择了放弃的人，有一种心疼的感受。经过一系列生活的磨难之后，难道我们真的要被迫接受一种无奈的现实，麻木不仁地走向人生的终点吗？

"决不！"我们要在心里大声对自己说。也许生活中的我们没有取得别人眼中的成功，但这并不意味着自己就应该此生平淡，就必须放弃了。也许你已经把年轻时的万丈雄心收起，知道自己只是一个普通人，只是在做着一些普通事。你的心境归于平和，但绝对不能趋于死寂，要为自己设定一些力所能及的、切实可行的目标，让自己每时每刻都有一颗积极进取的心，尽力干好并享受自己手头的每一件事，执著地攀上属于自己的高峰。

不管何时，都不要轻易下结论否定自己，只要开始行动，就不会太晚；只要去做，就总有成功的可能。不要让年龄成为你逃避的借口，年龄只是一个数字，年轻的心境却可以永恒。

她是一位高龄妇女，她是一位世界纪录的创造者，她成功登上了日本的富士山,她的名字叫胡达·克鲁斯。这些都不足为奇吗?那么,如果你有幸活到七八十岁,你是否也能登上富士山呢?很多人都认为这是天方夜谭,可是胡达·克鲁斯却用她的壮举告诉我们一切皆有可能。

当大部分年届七十的老人,认为自己已经到了人生的尾声,并且开始准备后事时,她——胡达·克鲁斯,却在学习登山。因为她相信:一个人能做什么事不在于年龄的大小,而在于他是否有成功的野心。于是,在70岁高龄之际她开始接受登山训练,攀登上了几座世界上颇有名的山,最终以75岁高龄登上了日本的富士山,打破了攀登此山者的最高年龄纪录。

——摘自《心态决定状态 以最佳的态度迎接生活的挑战》

70岁开始学习登山,这是一大奇迹。但奇迹是人创造出来的。成功者的首要标志,是时刻都要保持进取心,用良好的心态对待问题,不怯于接受挑战和应对麻烦事,那么他就成功了一半。

也许,每个人都有这样或那样的遗憾:比如想旅游的人有时间时没有钱,有钱时却又没有了时间;想创业的人有能力时没机会,有机会时却又没了能力;靠体力吃饭的人年轻时用健康换金钱,老了又用钱来买健康等。但最大的悲哀莫过于心灵归于死寂,总是想:我年龄大了,已不属于这个时代了,不会有属于我的辉煌了!

人到中年,最容易产生这样消极的想法,认为自己这辈子已经步入一个既定的轨道,不再有种种的年轻冲动和欲望,只要安分守己地走下去就行了。这种斗志和进取心的消失是最可怕的,它意味着你已习惯于过平庸的生活。如果不想这样下去,就该提醒自己要做一个不断进取的人。不断进取,会让我们充满巨大的力量,敢于挑战最大的危险,敢于做别人不敢做的事。这是一种震慑人心的气度,有了这种气度,我们不仅敢于向可能性挑战,而且敢于向不可能性挑战,并把不可能变成可能。

爱迪生、斯旺以及许多科学家在同一时期研究电灯。当时人们对制造电灯的原理已经很清楚了:把一根通电后发光的材料放在真空的玻璃泡里。现在,爱迪生他们需要做的是解决一些具体问题——如何让它更轻便、成本更低廉、照明时间更长。其中最主要的问题（也是竞争的焦点）在于灯丝的寿命。

爱迪生全力以赴地投入到这项研究里，有位记者对他说："如果你真的让电灯取代了煤气灯，那可要发大财了。"爱迪生说："我的目的倒不在于赚钱，我只想跟别人争个先后，我已经让他们抢先开始研究了，现在我必须追上他们，我相信会的。"

在当时的社会上，爱迪生已经声名赫赫，他仅仅宣布可以把电流分散到千家万户，就导致煤气股票暴跌12%。他本人是冷静的，在设想成为现实之前，他要像小时候在火车上做实验一样踏踏实实地干。他已经是一个改进了电话、发明了留声机、创造了不计其数的奇迹的著名"魔术师"。但他是这样的人，一旦取得了成果，就把它忘掉，扑向下一个目标。用来做灯丝的材料，他尝试过炭化的纸、玉米、棉线、木材、稻草、麻绳、马鬃、胡子、头发等纤维，铝和铂等金属，总共1600多种。那段时间，全世界都在等着他的电灯。

经过一年多的艰苦研究，他找到了能够持续发光45小时的灯丝，在45个小时中，他和他的助手们夜以继日地盯着这盏灯，直到灯丝烧断。然而，他并不满足："如果它能坚持45个小时，再过些日子我就要让它烧100个小时。"

两个月后，灯丝的寿命达到了170小时。《先驱报》整版报道他的成果，用尽溢美之词："伟大发明家在电力照明方面的胜利""不用煤气，不出火焰，比油便宜，却光芒四射""15个月的血汗"……新年前夕，爱迪生把40盏灯挂在从研究所到火车站的大街上，让它们同时发亮来迎接出站的旅客，其中不知多少人是专门赶来看奇迹的，这些只见过煤气灯的人，最惊讶的不是电灯能发亮，而是它们说亮就亮、说灭就灭，好像爱迪生在天空中对它们吹气似的。有个老头还说："看起来蛮漂亮的，可我就是死了也不明白这些烧红的发卡是怎么装到玻璃瓶子里去的。"大街上响彻着这样的欢呼："爱迪生万岁！"然而，爱迪生的讲演使人们再次惊讶："大家称赞我的发明是一种伟大的成功，其实它还在研究中，只要它的寿命没有达到600小时，就不算成功。"

那以后，他在源源不断的祝贺信、电报和礼物中，在铺天盖地的新闻中，在说他正在把星星摘下来试验新的灯丝、说他发明了365层像洋葱一样可以一层层剥下来的不用洗的衬衣的神话中，以及在雪片般飞来的求购这种衬衣的汇款单中，默默地改进着灯泡，向600小时迈进。结果，他的样灯的寿命达到了1589小时。

——摘自《做一个不断进取的人》

人类永远向前的动力，是社会进步的必然要求。在我们不断增强自己的力量、不断提升自己的时候，对自己的要求会越来越高。不断地给自己加压，永远不让锐意进取的发动机熄火，这样，才能让自己的生命之车驶向尽可能更远的奇境。

一个人能否成功，其实完全取决于他的态度。成功者与失败者之间的差别是：成功者始终用最积极的心态来支配自己的人生。失败者则刚好相反，因为缺乏进取心，他们的人生是受过去的失败和疑虑所引导和支配的。他们徘徊在失败的阴影里，只能眼看着别人成功。

如果我们想做一个成功的人，那么从现在开始，就焕发出自己的朝气，带着锐意进取的精神一直勇往直前吧。很多人之所以显得没有朝气，原因就在于他们太过于满足现状，从而停下了前进的脚步。要想自己永远充满朝气，就一定要永远保持锐意进取的豪情，要在登上一级台阶后，还要去登更高的一级，生命不息，进取不止。

自信才能成就大事业

自信是办成事情、做好工作的前提。坚定的自信是一束阳光，它会照亮人的奋斗之路。许许多多伟大人物最明显的成功标志，就是他们具有坚定的自信心。

自卑之人只会尝试一次，一旦失败，就轻言放弃，裹足不前，而自信者则喜欢尝试，喜欢不断地尝试。为了实现梦想，自信之人往往要尝试许多次，走许多条路，并坚定地依照目标前行，不达目的誓不罢休。

詹姆斯年轻时自己创办了一家机电工程公司。几年后，他的公司迅速壮大，年营业额超过100万美元。

詹姆斯不满足于现有成就，他决定让自己的公司上市，以便筹集资金干大事。当时申请成立股份公司比较容易，难的是在华尔街找一家有实力的股票承销商，这些承销商往往对实力一般的小公司不屑一顾。

当詹姆斯办妥成立股份公司的一切法律手续后，才发现找不到一家证券商愿意承销他的股票，顿时陷入进退两难的境地。

这件事如果让那些自卑的人碰到，到了这个地步一定就会放弃了，但詹姆斯不是自卑之人，他从来没有将事情干一半就收场的习惯。他想，难道我非得依赖那些证券商吗？他们不肯帮我发行股票，我就自己推销。他说干就干，邀集朋友们，到处散发印有招股说明书的传单。在华尔街的历史上，不经过承销商而自己发行股票，是破天荒的第一次。行家们都断言詹姆斯必然以笑话收场。

詹姆斯决心跟华尔街的传统观念赌一把，并且有信心成为赢家。他和他那帮热心肠的朋友们，从一个城市到另一个城市，起劲地推销股票。结果，他真的成了赢家。他的离经叛道之举在社会上引起很大的轰动，人们抱着或敬佩、或赞赏、或好奇、或尝试的心理，踊跃购买他的股票，短时间内便卖出40万股，筹得100万美元。

获得资金后，詹姆斯如虎添翼。他以小鱼吃大鱼的方式，在股市进行了一系列漂亮的投资运作，奇迹般地兼并了多家大公司。几年后，他掌控的资金超过10亿美元，创造了一个现代股市神话。

摘自《自信能成胜一切困难》

世界是没有任何事情是轻易就做成的，要想成功，必须学会从常规之外寻找新路。普通人之所以不能成功，并非因为他们缺少机遇和能力，而是缺少信心。他们不敢相信凭自己的力量能创造出别人做不到的奇迹。所以，他们不敢去尝试打破常规，遇到难关就放弃。

其实，只要你相信可以达成目标，你的信心与态度就能使你产生无穷的力量，而最终到达你想要的目标。相信自己，做自己的主人。信心使一个人得以征服他相信可以征服的东西。有位作家说过："我从未看到哪个充满自信，肯定自我能力，并朝着自己的目标全力以赴，勇往直前的人竟然无法取得成功的例子。"

威廉·波音曾经是一个经销木材和家具的商人。当他观看了一场飞机特技表演后，迷上了飞机。于是，他放弃了生意，前往洛杉矶学习飞行技术。在学习过程中，他产生了一个新的想法：制造飞机也许比驾驶飞机更有趣。他被这个想法迷住了，学习一结束，他就邀请一位海军军官合作，共同制造飞机。

那时候，他们不但没有工厂，甚至连一个受过专门训练的制造工人也找不到。波音只好动员他那家木材公司的木匠、家具师和仅有的3名钳工进行组装。很多人认为波音一定是疯了——试想，一个门外汉带着一群门外汉，怎么可能制造出飞机这种高技术含量的产品呢？但是，波音对自己充满信心。他相信只要经过努力，任何事都可以成功。最后，他们真的将飞机制造出来了！这是一架水上飞机，波音亲自驾着它进行试飞，并获得了成功。

波音的信心更加高涨，他索性将木材公司改成飞机制造公司，专心研制飞机。时至今日，全世界每天有数千架波音公司生产的飞机在天空飞行，谁能想到它起步之初是那么不可思议呢！

——摘自《感悟百年哈佛》

很多成功者都曾有过这样的经历，他们奇迹般地做成了普通人认为不可能做成的事。其实每个人都有可能做成这样的事，但绝大多数人却止步于对自己的消极评价：我不可能做到。

心理学家认为，一个人缺乏自信，认为自己"不可能做到"，是因为他只看到了自己的失败之处，并把注意力都集中在它们上面。他所错过的就是"即使是充满自信的成功者也有出错的时候"。这是任何人都避免不了的，不论是成功者还是失败者，不论是老人还是青年人，这种事都会发生。从这个角度来讲，自信的人与自卑的人之间最大的区别，就在于他们看待问题的方式不同。自信的人，总是看到问题好的一面，而缺乏自信的人，眼里都是黑暗。

叔本华说过："其实，事物的本身并不会影响人。很多时候，是人们受事物看法的影响。"的确，对事物的看法，没有绝对的对与错，但却有积极与消极之分，而且人总要为自己的看法承担最终的结果。保持消极心态的人，对事物永远都会找到消极的解释，并且总能为自己找到抱怨的借口，毫无疑问，他最终得到的只能是消极的结果。而拥有积极信念的人，常常能够在困难重重的情况下，找到打开命运枷锁的钥匙，得到灿烂和光明。

第五章
把握自己，好心态造就好未来

康德拉·希尔顿的自传《做我的客人》中曾这样描述他当年落魄的情景："我，一个人，四处流浪着。从一个旅馆到另一个旅馆，从一个地方到另一个地方。我尽可能地去借每一笔钱，总是从这儿借一美元，再从那儿借一美元，却始终不够好运……正在这时，盖尔沃斯顿的穆迪斯正准备取消我对抵押品的赎回权，他们认为我已无望赎回这些东西。我现在的债务已达到30万美元。我把希尔顿旅馆押给了他们。几个星期后，他们接管了希尔顿，接管了我妻子和母亲的房子，并控制了我的合伙人的命运……"

这就是康德拉·希尔顿旅馆的创建人当年的情形。一个自卑的人遇到这样的困境，往往认为自己"不可能办到"，并知难而退。但希尔顿却认为，此时的困难只是成功途中一个必然的过程。他有信心冲破难关，实现自己的人生目标。那么，他现在的情况如何呢？他已经成为拥有43万名员工、旅馆每年要迎接400万名宾客的超级富翁。

——摘自《感情百年哈佛》

由此可见，自信是成就大事业所必须具备的素质。信心是一切成就的基础。有信心的人可以化渺小为伟大，化腐朽为神奇。有位成功人士说过："工作热情，或者说激情，首先是鼓舞自己，然后是感染别人、带动别人，最后创造奇迹。"

要时刻保持积极的抗压心态

为什么好多人总觉着生活空虚、艰难，压力重重呢？原因很简单，是因为他们没有用积极的心态去对待压力。这也就意味着：平庸者多，而卓越者少。正如拿破仑·希尔所说："成功人士的首要标志，就在于他的心态。一个人如果心态积极，乐观地面对人生，乐观地接受挑战和应付麻烦的事，那他就成功了一半。"

有的人遇到压力时，只是挑选容易的后退之路："我不行了，我还是退缩吧"，其结果必然陷入失败的深渊。成功者遇到压力时，仍然认为"我一定能行""办法总比困难多"，总是用积极的心态来鼓励自己，于是便能想尽办法，不断前进，直到成功。所以说，一个人能否成功，关键在于他的心态。

同样的道理，作为一名学生，心态对于他也是非常重要的。如果他想把自己变成一个品学兼优的好学生，他就必须拥有积极的心态，并运用这种心态的力量将学习上的种种压力转化成前进的动力，将消极失败的看法变成积极奋进的努力。

大一女生林某在中学阶段，学习成绩非常突出，备受同学们的羡慕以及老师和家长的赞许。上大学后，她学习勤奋刻苦，决心保持一流的成绩。大学阶段的学习与中学相比，在学习内容和学习方法上都存在较大的

第五章
把握自己，好心态造就好未来

差别，但林某却一味地遵循曾使她取得辉煌成绩的中学学习方法，所以，尽管她非常努力，仍不能产生预期的学习效果。更糟糕的是，在第一学期期中考试时，她竟然有一门成绩不及格。林某万万没有想到，进入大学的第一次考试就出现了不及格现象，这对从来都名列前茅的她来说，简直是不可接受的打击。

当得知考试结果后，林某回到宿舍，独自哭了很久。当林某想到放假后要面对曾对她投以惊美目光的同学和对她抱有极大期望的父母，想到今后还有那么多的课程要考试，就感到非常紧张，也感到非常羞愧。于是，在强大的心理压力下，林某不敢回家而独自出走。后来，经过家长和同学的多方寻找，才将林某找回家。然而，林某再也不敢回学校上课，于是只好办理了休学手续。

试想一下，如果林某以一种积极的心态来面对因考试不及格所带的压力，认真地反省自己，改变自己不当的学习方法，相信她一定会重新跨入优秀生的行列。而如今，她却办理了休学手续，实在是一种遗憾。

有时，也许你会抱怨自己各方面的条件都不如别人，比如说，你认为自己的脑袋没别的人聪明，自己的家庭生活及学习条件也不如别人，等等。这时，积极的学习心态对于你来说就更重要了。无论你自身的条件多么恶劣，只要你运用良好的心态，并将它和正确的学习方法相结合，你肯定会变成一名佼佼者。与之相反，无论你现在的条件多么优越，倘若你的心态消极，成为劣等生就是必然的。

富兰克林·罗斯福八岁时，是一个脆弱胆小的男孩，脸上时常显露着一种惊恐的表情。如果不幸被老师叫起来背课文，他立即会双腿发抖，嘴唇颤动不已，回答得含糊且不着边际，然后颓废地坐下。假如他有副好看的面孔，也许情况会好一点，但他却是龅牙。

像小罗斯福这样的孩子，多半对自己特别敏感，尽量不抛头露面，不参加任何活动。然而事实并非如此，虽然他有些缺陷，但他却有着积极的心态，有一种乐观进取的意志在激励着他。他的缺陷促使他更加努力地去奋斗，他没有因同学嘲笑他，就减少了勇气。他用坚强的意志，咬紧自己的牙床使嘴唇不颤动而克服他的惧怕。

小罗斯福看见别的同学玩游戏、游泳、骑马，做各种体育活动时，他也强迫自己去参加，并且还使自己变为最能吃苦耐劳的典范。他看见别的同学用刚毅的态度去面对困难、克服恐惧时，他也用这种精神去应对所遇到的困境。这样，他慢慢变得勇敢了。

——摘自《我们总是忘了，压力才会奋进》

一个人不可能事事顺利，作为学生也一样，总会在学习和生活当中遇到这样或那样的困难和挫折。在困难和挫折面前，要像富兰克林·罗斯福一样，保持积极的心态，并激励自己去努力奋斗。只要永不放弃、永不自我颓废，就能在不幸的环境中找到成功的秘诀，压力也就变成了自己成长的动力。

一个人所受到的压力和他的能力是成正比的，一个人所承受的压力越大，他所释放出的能量也就越大。著名心理学家贝弗时奇说得好："人们最出色的工作往往是在处于逆境的情况下做出的。思想上的压力，甚至肉体上的痛苦都可能成为精神上的兴奋剂。很多杰出的伟人都曾遭受过心理上的打击及形形色色的困难。"

压力能够变为动力，这是物理学上的一条定理。压力与动力是一对矛盾，并不是所有的压力都能转化成动力。压力变成动力，需要一个转化的条件，那就是压力的承受者有承受压力的能力，若是没有这个条件，压力就只能做惯性运动了。所以，面对压力，我们要积极地改变自己，充实自己，这样才能正确引导各种压力，成为自己前进的动力。

当你面临压力时，要让它推着你前进，而不是退缩。你如果面对无法摆脱的压力时，就应该反复地对自己说："这是对我的挑战和考验，这是催促我努力学习、积极工作、奋发向上的动力。"

成功需要一颗积极的心

每个人都渴望成功，渴望通过自己的努力实现自身的价值，每个人都想拥有无穷无尽的财富。尤其是有抱负更加渴望着轰轰烈烈的辉煌人生的人。然而，人生成功的起点在哪里呢？究竟什么才是做事成功的开端呢？

从无数的成功范例来看，做事成功的首要条件就是你的心态，做事成功的开端就是认识你的心态。心态即人的心理状态。任何人的心理状态都有两方面，即积极的心态和消极的心态。那么，这两种不同的心态各有什么作用呢？

积极心态是做事有"心计"并渴望成功的人必须具备的心态，积极心态具有惊人的力量：它能创造财富、健康、快乐和成功，它能获得朋友、消除烦恼，它能使你的人生充满辉煌。

消极心态同样具有惊人的力量：它拒斥财富、健康和快乐，使你远离成功；消极心态使你的朋友离你而去，使你愁上加愁、苦中添苦；它只会使你的人生黯然失色。

有位太太的两个女儿各开一小店，大女儿卖伞，小女儿卖遮阳帽。自小店开张后，这位太太就没开心过，整天神情抑郁地呆坐在门前，一脸悲伤。

一天，牧师路过她家，主动上前问道："太太，您怎么了？生病了吗？"

"我烦啊！"这位太太神情沮丧地说，"晴天，我大女儿卖伞的生意不好，我烦；雨天吧，我小女儿卖遮阳帽的生意不好，我也烦。"

"您应该高兴才对呀！"牧师说。

"别来逗我了，"老太太显然生气了，"到别的地方寻开心去，我才没有你那样悠闲！"

"太太，您何不这样想呢？"牧师诚恳地说，"晴天，你小女儿的帽子店生意红火，而雨天，你大女儿的雨伞店就会顾客不断。所以，无论是晴天或雨天，您都会有所收入。您说，您不应该高兴吗？"

"对呀！"老太太豁然开朗，"为什么我先前没有这么想呢？"

这位太太的抑郁就是因为其以消极的心态看待问题而造成的，牧师的指点让她重现了往日的欢愉。只有对生活中的一切问题抱积极的态度，生活才能丰富多彩。

——摘自《思维广一点出路多一点》

世界是不会由我们的意识所决定的，没有任何人可以决定整个世界，但我们可以改变自己对世界的看法，这是因为人人都可以决定自己的心态。如果我们经常感到自卑，感到失落，做事没有动力，总不好意思展现自己，那么我们就该好好想想，如何去调整自己的心态。因为心态对我们而言很重要，一个积极的心，是我们做大事的资本。

其实，不论是伟人还是凡人，在人生之路的漫漫征途上，都会遇到挫折，而伟人所遇到的挫折可能会更多。"一帆风顺"只是极少数幸运者的专利，大多数人必定会经历沧桑与挫折，必定会尝遍挫折所带来的痛苦、所造成的失败、所形成的逆境等一系列苦果的千滋百味。值得注意的是，尽管挫折对任何人来说都不可避免，在经历了挫折以后，有的人走向了成功，有的人却走向了失败。造成这种本质区别的根本原因在哪里呢？就在于对挫折与逆境的认识和态度不同。

有位秀才第三次进京赶考，住在一个经常住的店里。考试前两天他做了三个梦，第一个梦是梦到自己在墙上种白菜，第二个梦是下雨天，他戴了斗笠还打伞,第三个梦是梦到跟心爱的表妹躺在一起,但是背靠着背。

这三个梦似乎有些深意,秀才第二天就赶紧去找算命的解梦。算命的一听,连拍大腿说:"你还是回家吧。你想想,高墙上种菜不是白费劲吗?戴斗笠打雨伞不是多此一举吗?跟表妹躺在一张床上了,却背靠背,不是没戏吗?"

秀才一听,心灰意冷,回店收拾包袱准备回家。店老板非常奇怪,问:"不是明天才考试吗,今天你怎么就回乡了?"

秀才如此这般说了一番,店老板乐了:"哟,我也会解梦的。我倒觉得,你这次一定要留下来。你想想,墙上种菜不是高种吗?戴斗笠打伞不是说明你这次有备无患吗?跟你表妹脱光了背靠背躺在床上,不是说明你翻身的时候就要到了吗?"

秀才一听,更有道理,于是精神振奋地参加考试,居然中了个探花。

——摘自《语文学习网》

积极的人,像太阳,照到哪里哪里亮;消极的人,像月亮,初一十五不一样。想法决定我们的生活,有什么样的想法,就有什么样的未来。

从心理学的角度来说,当一个人拥有了积极的心态之后,他就树立起了人生的信念。有了信念就能够很好地完成自己的工作,并且工作时会觉得很有信心,也很快乐,而且在工作中一旦有了小小的成绩,他的信念则会愈发坚定,他的心态也会随之更为积极。这样,计划—心态—信念—工作,工作—信念—心态—计划之间就形成了一种良性循环。相反,当你的心态处在消极的一面的时候,你会对你自己和你的工作失去信念,没有了信念也就没有了干劲,身上原来拥有的能力也会因你的信念的消失而消失,这时的工作也就会越来越不好做。工作越难做,人生越不顺心,信念就越不坚定;信念不坚定,计划就差,心态也会随之越差。无形之中就形成了一种恶性循环。

良性循环与恶性循环是与情绪和行为相对应的,并且两种循环都取决于人的心态。前一种循环通往成功,后一种循环导致平凡。因此,可以肯定地说，做事成功的起点就是自身的心态，做事成功的开端就是认识自身的心态，并让它处于积极状态之中。这种积极状态能使一个懦夫成为英雄，从心志柔弱变为意志坚强，由软弱、消极、优柔寡断的人变成积极的人。

虽然积极的心态具有改变人生的力量，人人皆可达成，但有些人在实行时会发生困难。这是因为某些奇怪的心理障碍会导致积极思想的无效。一个人若是不断地怀疑、质问，那是因为他不让积极思想发生作用。他们不想成功，事实上他们害怕成功。因为活在自怜的情绪中安慰自己，总是比较容易的。我们的大脑必须被训练成积极思想的模式。

积极思想只有在你相信它的情况下才会发生作用，并且产生奇迹，而且你必须将信心与思想过程结合起来。很多人发现积极思想无效，原因之一便是他们的信心不够，以怀疑和犹豫不停地给它泼冷水。因为他们不敢完全相信，一旦你对它有信心，便会产生惊人效果。勇敢而大胆地信仰——这是一切成功的法则。没有任何东西可以永远阻拦它。

信仰可以集中一切力量，不要迟疑，不要怯懦，不要猜测，要勇敢而大胆地相信这一切，这就是胜利。只要你愿意耕耘培养它，积极心态便能发挥力量。但养成它并不容易，它需要艰苦的工作和坚强的信仰，它需要你诚实的生活，拥有想成功的欲望。同时，运用积极思想时，你必须坚持下去。当你确定已经掌握它时，你应再进一步发展积极的心态，只有这样，才能让你获得最终的成功！

乐观是希望的种子

卡耐基认为，如果你的思想乐观，你的生活必然充满欢乐，如果你心存悲观，你就会认为事事悲惨；如果你觉得恐惧，就会感到鬼魅在你身旁；如果你老觉得身体不舒服，那你很快就会得病；如果你认为事情不能成功，最后你必然招致失败；如果你陷于自怜状态，你必定会被亲友所疏离。所以不管做什么或是面对什么，关键就看你自己怎么想。

生活中，有些人常常会觉得不好意思，有的是因为羞怯，有的是因为胆怯，其实乐观一点儿，就会发现有什么呢？心里敞亮、乐观的人会战胜一切心里困扰，让你的不好意思瞬间土崩瓦解。

那么什么是乐观呢？其实所谓乐观，就是一种积极的人生态度，是以宽容、接纳、愉快、平常的心态去生活。人生的幸福、快乐与否，往往并不完全取决于现实世界中得到了什么又失去了什么，在一定程度上，幸福与快乐取决于我们对世界的看法，也就是对问题的看法。乐观是希望的明灯，它指引你在黑暗中发现新的生命、新的希望，支持你的理想永不泯灭。

1933年，德国青年卜劳恩因发表了丑化希特勒的政治漫画，被取消了创作资格。他找工作四处碰壁，只能借酒浇愁。一天，卜劳恩醉醺醺地回家，瞥见妻子正领着三岁的儿子在门口玩耍，忍不住嘟囔道："没一点正经事的家伙！"便进屋去呼呼大睡了。

醒来已是次日晌午，卜劳恩习惯性地拿起笔，补写昨天的日记：5月6日，真是倒霉日，工作仍没着落，钱却花光了，往后还怎么过？他打算再出门去赊账喝酒，无意间看见妻子替儿子写的日记，忍不住打开来看：5月6日，爸爸谈生意回来喝多了，他一定很辛苦。爸爸是个负责任的人，相信不久后，生活会越来越好！怎么会这样，自己明明是因失意而醉酒，竟然成了为工作而操劳。卜劳恩好奇地翻看了以前的日记：5月1日，山姆大叔的小提琴越拉越好，令人沉醉。到长大了，我可以请他教拉琴，真是妙不可言。

卜劳恩一惊，翻开自己的日记本：5月1日，该死的山姆，又在拉那把破提琴，真恨不得冲过去砸了它。

卜劳恩跌坐在椅子上，半天无语。一会儿，妻子抱着儿子回来，边走边说："虽然咱家暂时没面包，但是有这筐土豆，照样可以做出丰盛美味的午餐。"卜劳恩缓缓地起身，想去迎，却迈不开步。

那之后，卜劳恩就像变了个人，白天做钳工，晚上则偷偷坚持画漫画，后来他在《柏林画报》发表了以自己和儿子故事为原型的连环画《父与子》，赢得了全球读者的喜爱。其实，生活不会抛弃任何人，只要你能从内心释放出积极向上的能量！

——摘自《辽工职工报》

你是否经常对自己说：我真没出息，我不应该这么害怕，别人就能够勇往直前，我到底怎么啦？你也许不相信，但我可以告诉你，其实你自己就能够停止心理上的自我贬抑，延伸对自己的支持，就像对待别的好朋友那样。持续而经常地给予自己关怀与肯定：我当然会害怕，那没有关系，我会克服的。我难免犯错，不过，我相信自己会做最好的决定。

更积极地充实自己、凡事朝好的方向去想，而不是自陷于坏的深渊而无法自拔，在往好的方向思考的过程中，再从现实的生活中去努力增加自己的能力。如此相辅相成，人生梦想才有实现的一天！

这些能够达成志向的少数人仍存在着，那是因为他们可以执著、坚持到底。所以说，只要有梦，就不要怕梦境无法实现，要做个勇于做梦的人。就怕你没有梦想，如此一来，人生自然也就毫无目标，只好一直浑浑噩噩地过下去了。

中国哲学有很多都是从乐观的角度延伸出来的，但现代人却大都不乐观，任何事都习惯以消极、悲观的方式去处理、面对。为什么？西方人有句名言："恐惧就是转机"，很多人认为这只不过是句口头禅而已。就算这真是句口头禅，只要你用了，就会发现局面随之改观，逆境也变成顺境了。低潮之后就是高潮。当遇到事情时，只要乐观思考再做判断，绝无过不去的道理。

所以说，有乐观的生活态度，将是你人生追求目标时的最大利器，而建立豁达乐观的人生哲学，也刻不容缓。

1882年，一名女婴因发高烧差点丧命。她虽幸免于难，但发烧给她留下了后遗症——她再也看不见、听不见。因为听不见，她想讲话也变得很困难，她就是海伦。那么这样一个在19个月时就既盲又聋的孩子，是如何成长为享誉世界的作家和演说家的呢？

高烧将她与外界隔开，使她失去了视力和听力。她仿佛置身在黑暗的牢笼中无法摆脱。万幸的是她并不是个轻易认输的人。不久她就开始利用其他的感官来探查这个世界了。她跟着母亲，拉着母亲的衣角，形影不离。她去触摸，去嗅各种她碰到的物品。她模仿别人的动作且很快就能自己做一些事情，例如挤牛奶或揉面。她甚至学会靠摸别人的脸或衣服来识别对方。她还能靠闻不同的植物和触摸地面来辨别自己在花园的位置。

七岁的时候她发明了60多种不同的手势，靠此得以和家里人交流。比如她若想要面包，就会做出切面包和涂黄油的动作。想要冰淇淋时她会用手裹住自己装出发抖的样子。海伦在这方面非比一般，她绝顶聪明又相当敏感。通过努力她对这个陌生且迷惑的世界有了一些知识。但她仍有一些不足。海伦五岁时开始意识到她与别人不同。她发现家里的其他人不用像她那样做手势而是用嘴交谈。有时她站在两人中间触摸他们的嘴唇。她不知道他们在说什么，而她自己不能发出带有含义的声音。她想讲话，可无论费多大的劲儿也无法使别人明白自己讲的是什么。这使她异常懊恼以至于常常在屋子里乱跑乱撞，灰心地又踢又喊。

随着年龄的增长她的怒气越来越大。她变得狂野不驯。倘若她得不到想要的东西就会大发脾气直到家人顺从。有一次她甚至将母亲锁在厨房里。这样一来就得想个办法了。于是，在她快到七岁生日时，家里便雇了一名家庭教师——安尼·沙利文。安尼悉心地教授海伦，特别是她感兴趣的东西。这样海伦变得温和了而且很快学会了用布莱叶盲文朗读和写作。靠用手指接触说话人的嘴唇去感受运动和震动，她又学会了触唇意识。这种方法被称作泰德马，是一种很少有人掌握的技能。她也学会了讲话，这对失聪的人来说是个巨大的成就。

海伦证明了自己是个出色的学者，1904年她以优异的成绩从拉德克利夫学院毕业。她有惊人的注意力和记忆力，同时她还具有不达目的誓不罢休的毅力。上大学时她就写了《我的生命》。这使她取得了巨大的成功，从而有能力为自己购买一套住房。她周游全国，不断地举行讲座。她的事迹被许多人著书立说而且还上演了关于她的生平的戏剧和电影。最终她声名显赫，应邀出国并受到外国大学和国王授予的荣誉。1932年，她成为英国皇家国立盲人学院的副校长。

1968年她去世后，一个以她的名字命名的组织建立起来，该组织旨在与发展中国家存在的失明缺陷做斗争。如今这所机构，是海外向盲人提供帮助的最大组织之一。

——摘自《享受生活》

看了海伦的故事，她乐观的精神值得我们每个人敬佩与学习。我们总是常说"山不转路转，路不转人转"，其实这是叫我们用积极、正面的角度去看待事情。真正的乐观不是要我们去脱离现实，而是要我们从正面去接受现实。但许多人却容易误解乐观的意义，以为乐观就是在发生事情时要漫不经心地去面对,这是不对的。

其实,不论我们心情是好是坏,摆在面前的事情都是要去解决的;那为什么不选择以乐观的心情去面对?所以,我们要学会保持一颗赤子之心,把所有遇到的挫折、苦难都当做是一种挑战,并且愿意积极努力用实际行动去解决它。乐观是希望的种子,只要有它,我们的生活定会愉悦、定会精彩!

你要自己寻找快乐

在这世上，有很多人对生活没有热情，觉得自己不幸福，更不快乐，从而失去了为生活拼搏的动力，习惯为所有的事情找借口，更不愿意面对任何人，把"不好意思"当成口头禅，于是生活变得愈加黯淡下去，没什么光彩可言。可是，如果一直这样下去，那么人生就会被蹉跎，失去了它本身的意义。

那么我们该如何改变这种生活呢？其实，一切的一切源于我们对生活没有真正的感悟，所以我们丧失了快乐之心，一个人的心如果不快乐，那么面对任何美好的事物，也一样是没有动力。

有一位叫詹妮弗的年轻女孩，她做梦都想去夏威夷度假。她总是对别人说："我要是能去夏威夷玩就好了，哪怕几天也行。"她和她男朋友终于决定去夏威夷了。她把这个消息告诉了她的所有朋友。她快乐地叫喊着，迫不及待地等着去夏威夷。"再过三个星期我们就能去夏威夷了！""再过一个星期，我就能躺在那片海滩上喝饮料了！"

几星期后，她度假回来，朋友问她，对于这次旅行，有什么感想。她很无奈地说："一直以来，去夏威夷度假都是我的梦想，为此，我花了很多钱，按理来说，我应该特别开心才对，可其实我一点都不快乐。夏威夷的天气很热，他成天一点精神都没有。我不想就在饭店里呆着，就和他并排躺在躺椅上，这样的日子无聊死了。躺在海滩上，我一点被爱的感觉都没有，我只感觉自己可怜得很。我感觉自己要发疯了，我真希望自己从来就没去过那里。到底是哪儿出了问题呢？"

——摘自《卡耐基写给女人全集：品位女人的处世圣经》

许多人都有过类似的经历。他们以为去什么地方，或者做什么事，自己会特别开心，比如去一家高级饭店就餐，去风景优美的地方旅游，或者去国外有名的城市等，结果，却不如想象中的那么开心。这到底是为什么呢？是因为高级饭店的饭菜不可口？旅游胜地的风景不美？还是国外的城市不够优雅？

其实，外界事物并不能使我们快乐起来，真正的快乐来自我们的内心，心境是决定快乐与否的重要方面。一个内心不快乐的人，即便到了美丽的世外桃园，或许他都感觉不到快乐。一个心境快乐的人，即使生活并不富裕，那么他也是快乐的。

试想一下，在有些时候你会不会觉得自己想笑却笑不出来？那种无力感让你更加闷闷不乐，这个时候你是要继续深陷其中，还是做点儿什么改变它呢？如果你想改变，告诉你一个最简单易行的方法就是强迫自己去微笑，如果你单独一人的时候，吹吹口哨，唱唱歌，尽量让自己高兴起来，就好像你真的很快乐一样，那就能使你快乐。哈佛大学一位教授贾姆士，他有下面的见解："行动该是追随着一个人自己的感受……可是事实上，行动和感受，是背道而驰的。所以你需要快乐时，可以强迫自己快乐起来。人们都想知道要如何寻求快乐，这里有一个途径，或许把你带去快乐的境界。那就是让自己知道，快乐是出自自己的内心，不需要向外界寻求的。"

不管你拥有些什么……你是谁……你在什么地方……或是你是做什么事的……只要你想快乐，你就能快乐。

有这样一个例子。有两个人，他们有同样的地位，做同样的事，他们收入也是一样，可是其中一个轻松愉快，另外一个却是整天愁眉苦脸。这是什么原因呢？答案很简单，他们两个所怀的心情不一样。

莎士比亚曾这样说过："好与坏无从区别，那是由于每个人的想法使然。"

不快乐的人最普遍原因是他们企图照着受阻的计划生活。目前他们不是在生活，他们是在等待将来发生的事情。他们以为他们结婚以后，他们找到好职业以后，他们买下房子以后，孩子完成大学教育以后，某项事业成就之后，赢得胜利之后，他们将会更快乐，但无可避免的，他们失望了。

快乐是一种心理的习惯，是一种心理的态度，目前不练习这个习惯，不培养这个态度，将来就永远不会体验到。快乐不是在解决外在问题的条件下而产生的。一个问题解决了，另外一个问题产生了。如果要快乐，现在必须快乐起来，不要"有条件"地快乐。

很久很久以前，有一个叫阿呆的人，整天闷闷不乐，很不开心，对身边的一切都不满意。最后，他竟成了一个不快乐的孩子。

阿呆的父亲是个清洁工，母亲是个收破烂的。考试不及格，老师让他叫家长。他们的工作使他难堪，无地自容。每天放学回家，邻居家的大狼狗，汪汪叫着，很是烦人……

阿呆讨厌他生活中的一切，他总觉得老天在跟他作对，把什么讨厌的东西都扔到他那儿去。他整天愁眉苦脸，丝毫没有快乐的感觉。

他听人家说南面的高山上住着一位快乐女神，凡是找到她的人，都能找到快乐。不快乐的阿呆决定去寻找那位快乐女神。

阿呆背着行囊，一直向南走，走了九九八十一天，过了九九八十一条河，终于来到了山脚。山上长满了郁郁葱葱的树木，一片片绿的颜色，让阿呆特别心烦，也便没有心情欣赏山上的景色。他爬了九九八十一天，终于在一棵大树下找到了快乐女神的小屋。

那屋子很破烂，台阶上长满了青苔，房檐下筑满了鸟巢。阿呆推开小屋的破门，看到一张破桌子旁坐着一位相貌丑陋，衣衫褴褛的老太婆。他奇怪地问："这山上不是有个快乐女神吗，我怎么一直都找不到？"

老太婆裂开没牙的嘴嘿嘿地笑笑，说："我就是快乐女神。"

"可你又老又丑。"

"我老，可我比别人经历过更多快乐的事。我丑，可我皱纹的线条还是相当明快，富有艺术的动感。"

"你的衣服又脏又破。"

"我的衣服吸取了大自然的精华，上面沾有大自然的脂粉。"

"你的房子又破又小。"

"我喜欢小巧玲珑的东西，这屋子是完美的艺术品。"

"可是，你一个人住在这荒山野岭，不怕吗？"

"谁说我是一个人，山上的树木是我的卫兵，山上的动物是我的保镖——它们时时刻刻保护我。"

阿呆用怪异的目光注视着这位奇怪的老人。

"为什么一切东西在你眼中都是快乐的！"

"因为我想快乐。"老人又微笑了，"不管是什么东西，你用快乐的眼光去看它，用快乐的心情去体验它，它就是美丽的，也是快乐的，你也就会快乐。"阿呆也笑了。

——摘自《寻找快乐的故事》

其实，只要一个人心里想要快乐，那么都能如愿以偿。要知道，快乐纯粹是内心自发的，它的产生不是由事物，而是不受环境拘束的个人举动所产生的观念、思想与态度。那么，我们如何能寻找到快乐的源泉呢？其实很简单，让我们一起来看看吧！

首先，我们要知道有些东西是快乐的源泉，所以无论遭受怎样的打击都不能放弃。比如我们决不能因为妻子杏眼圆睁，就再也不和朋友们聚会喝酒了，否则就会永远失去和朋友相聚的快乐。我们所要做的只是在和朋友聚会前，先和妻子打个招呼，或者聚会后早点回家，尽可能达到两全其美。

其次，我们追求任何可能带来幸福和快乐的东西时，都不要追求自己的智力、能力和经济实力达不到的东西。如果我们的智力只能使我们成为普通的科研工作者，那就不一定非要拿到诺贝尔奖；如果我们的能力不能使我们成为卓越的领导者，那么作为一名勤勤恳恳的雇员也没什么不好；如果我们的经济实力只允许我们买一辆自行车，那么就不一定非要买一辆汽车。我们可以通过努力提高自己的智力、能力和经济实力，但是永远不要去做远远超出这些能力的事情。认真努力，保持轻松，边做边等，水到渠成。如果实在做不到，也要保持平和的心态，这样自然就活得轻松而快乐了。

再次，不要和别人攀比。在这个世界上永远有比你更有钱的人，永远有表面上比你更风光的人，这些人常常就是你的邻居和朋友，他们或多或少会让你生气。其实有时候你在气自己。他们比你工资多，你就愤愤不平，流言蜚语，消极怠工，其实这样做对你自己一点好处都没有，反而给人留下斤斤计较的印象。如果你毫无怨言，埋头干活，就离加薪的日子不远了，即使短期内不加薪，公司裁员时也一定不会轮到你。

最后，一个人获得快乐的能力和他学习的能力成正比。一个善于学习的人会不断地积累带来快乐的经验，避开带来痛苦的根源。一个跳蚤在瓶子里不断地跳，又不断地被瓶盖打下去，最后再也不跳到瓶盖的高度了，这就叫有学习能力。偏偏有很多人连跳蚤都不如，常常一犯再犯同样的错误，既不借鉴别人的经验，也不吸取自己的教训，还怎么能够谈论幸福和快乐呢！

其实归根到底，快不快乐主要在于我们的心态。良好的心态，是阳光，能照亮我们的生活。怀揣一颗快乐的心，可以让我们变得更加自信、更加从容，而这份自信和从容会让我们更加积极地寻找到人生的意义，并为此拼搏！

点燃热情，过精彩人生

曾经有人说过：热情是世界上最大的财富。青年的形象应该是热情、健康、充满活力的。它的潜在价值远远超过金钱与权势。热情摧毁偏见与敌意，摒弃懒惰，扫除障碍。热情是我们身体里源源不断的能量，它能让我们变得不再扭捏，不再不好意思，而是更有信心，拼搏向前。

对于一个人来说，热情就如同生命。凭借热情，我们可以释放出潜在的巨大能量，发展出一种坚强的个性；凭借热情，我们可以把枯燥乏味的工作变得生动有趣，使自己充满活力，培养自己对事业的狂热追求；凭借热情，我们可以感染周围的同事，让他们理解你、支持你，拥有良好的人际关系；凭借热情，我们更可以获得老板的提拔和重用，赢得珍贵的成长和发展的机会。

其实，我们每个人都可以是生活的艺术家。活出热情的意义就是找出你爱做的事，然后全力以赴。不管你是否能得到金钱上的回报，你都坚持到底，这便是真实生活的最好方法。当你从事自己爱做的事时，自然会精力充沛、信心十足。每个人都在用自己的方式活出热情，有些人等着自然召唤；有些人已经承担着"大任"；有些人没什么热情，只希望生活中有一两件刺激的事就够了，那么这些人的生命只是一个逐渐衰退的过程；另一些人则喜欢无限的狂热激情，当他们完成一个目标时，觉得自己全身都热情迸裂了。

其实，热情可以带给我们无限大的动力，有了热情，我们或许就不再胆怯，不再羞怯，不再拿"不好意思"去当借口，而是果断地作出决定，之后拼了命地去努力！如果我们有一颗热情的心，那么它将会给我们带来奇迹。

一次在一个大雾弥漫的夜晚，拿破仑·希尔和他母亲从新泽西坐船到纽约，母亲高兴地说道："这是多么令人惊心动魄的景象啊！"

"有什么奇怪的？"拿破仑·希尔问道。

母亲依旧充满热情："你看那大雾，那四周若隐若现的光，还有消失在雾中的船带走了令人迷惑的灯光，多么令人不可思议。"

或许是被母亲的热情所感染，拿破仑·希尔也感受到浓浓的白雾中那种隐藏着的神秘。他那颗迟钝的心得到了一些新鲜血液的滋润，不再毫无知觉了。

母亲注视着拿破仑·希尔说："我从没有放弃过给你忠告。无论以前的忠告你接受不接受，但这一刻的忠告你一定得听，而且要永远地记住。那就是：世界从来就有美丽和兴奋存在，它本身就是如此动人、令人神往，所以你自己必须对它敏感，永远不要让自己感觉迟钝、嗅觉不灵，永远不要让自己失去那份应有的热情。"

拿破仑·希尔一直没有忘记母亲的话，而且也试着去做，就是一直让自己保持那颗热忱的心。

人的一生，做得最多、最好的人，也就是那些成功人士，他们都具有这种能力和特点。即使两人具有完全相同的能力，也一定是更具热情的那个人会取得更大的成功。因为，热情是强有力的事物，它有一种感染力，当我们能够运用这种力量去激励他人时，我们也正影响着远远超过自己所知道的更多的人。

当我们对自己的生活和工作满怀热情时，我们常常能感受到更多的幸福和愉悦。当人们不喜欢他们的工作，或者不喜欢他们生活的一些方面时，他们会显得萎靡不振；他们体重增加，缺少充足的睡眠，常常感到倦怠无力，而当人们投身到他们喜欢的事情中、并且为了成功的前景而兴奋不已时，他们的自我感觉会更好，自尊自重的意识会更强，被唤醒的能量就会更大，充满欢笑的时光就会更多，生命的历程也就会更长久。我们的人生热情能够转变成坚韧的承受力，并影响我们生活的前景，这种影响远远超过我们所了解的限度。

有一位已失去传道热情的牧师，夜里做了一个梦，梦到自己被带到天堂，接受他一生为上帝工作的赏赐。

刚开始有个天使送来一个华丽灿烂的冠冕，上面镶满了珍珠宝玉，旁边的天使长说："拿错了，这是20年前为他预备的，那时候他拼命为信仰作见证。可惜不一会工夫，他就冷淡退却了，所以要换一个次等的冠冕。"

不一会工夫，换来一个次等的冠冕，虽然没有头一个那么华丽，他还是觉得不错。然而天使长又说："你还是拿错了，这是10年前为他预备的。世上的欲望和引诱迷住了他，使他成了一个不冷不热的人，再去换一个吧。"

于是再换来一个，上面一粒珠宝都没有，毫无光彩。

这位牧师惊醒过来，原来是南柯一梦，从那时候起，他勤奋传道，立志要讨上帝的喜悦，成了最热心的传道之人。

对于一个人而言，最可怕的破产，就是失去热忱。回顾过往的岁月，想想现在的光景，趁着还有一口气，我们应再接再厉，让心中的理想和抱负仍然炽热如火！

麦当劳汉堡店内的员工，他们的工作很简单，并且有一套非常有效的生产作业在背后支持。但是就是这么简单的工作，员工们对此倾注了百分之百的热情。他们永远面带微笑，非常有礼貌地向客人请示，热情让他们做事机敏——工作速度既快，质量又好；著名大提琴家P·卡萨尔斯90岁高龄的时候，还每天坚持练琴4~5小时，当乐声不断地从他的指尖流淌时，他的弯曲的双肩又变得挺直了，他的疲乏的双眼又充满了欢乐。美国堪萨

173

斯州威尔斯维尔的E·莱顿直到68岁才开始学习绘画。他对绘画表现出极大热情，并在这方面获得了惊人的成就，同时也结束了折磨他至少30余年的苦难历程。

热情不但是一种自发的力量，还是帮助你集中全身力量投身于某一件事情的能源。有热情就意味着受到了鼓舞，鼓舞为热情提供了能量。赋予你所做的工作以重要性，热情也就随之产生了。即使你所做的事没有充满魅力，但只要善于从中寻找意义和目的，也就有了热情。

拥有热情，并不是说要你从早到晚笑个不停，也不是要你对身边所有的事情都感到满意。那不是热情，那只是一种盲目的乐观。相反，生活中所需要的热情更多的是一种追求和思考的方式，它告诉人们："生活是美好的，前途是光明的，只要拥有热情，你早晚会拥有成功。"因为你拥有热情时，你往往会对一切都充满兴趣，并为之努力奋斗。

一个没有热情的人是不可能始终如一且高质量地对待自己生活的，更不可能做出创造性的业绩。如果你失去了热情，那么你永远也不可能在生活中立足和成长，也永远不会拥有成功的事业与充实的人生。所以，点燃自己的热情吧，热情的人生才会夺目！

摒弃抱怨，学会积极

在生活中，很多人常因为自己不努力而错失了很多可以通往成功的机会，在看到别人成功的时候，心里又不平衡，于是整天怨天尤人，不停抱怨。可这样有什么意义呢？越是抱怨，烦恼就越多，造成的不利则更多。所以，我们永远不要抱怨，抱怨不能改变什么，唯有丢掉抱怨，选择积极面对，积极争取，才能让我们的生活重见阳光，更有激情和动力！

积极地改变现实、完善自己是必要的，但是，改变现实和自我完善是有条件、有限度的。总有我们力不能及的地方，总有我们不如意的地方。人类的历史，既是改变自然的历史，也是适应自然的历史。不能改变客观的现实，就要改变自己对现实的态度。

"自知者不怨人，知命者不怨天；怨人者穷，怨天者无志。"这是荀子曾说过的一句话，它的意思是说有自知之明的人不抱怨别人，掌握自己命运的人不抱怨上天；抱怨别人的人则穷途而不得志，抱怨上天的人就不会立志进取。在市场经济的大潮中，任何牢骚满腹、怨天尤人的举动都毫无意义，任何成功之道都不是抱怨出来的，而是走出来的。

有一个小和尚，尽管他遁入空门，却依旧不能看破红尘。他一直非常苦恼，认为自己的生活实在是苦。终于有一天，他把自己的苦恼告诉了师父。

师父说:"你知道自己的父母是谁吗?"

小和尚答道:"不知道,我从小在寺院里长大,我是被父母抛弃的孤儿。"

师父又问:"那么,你恨他们吗?"

小和尚答道:"不恨,因为他们是我的亲生父母,我骨取之于父,肉取之于母,没有他们就没有我。我对他们何来的恨呢?"

师父轻声叹了一口气:"在我发现你的时候,你已经奄奄一息,你的喉咙差一点就被人割断,而凶手正是你的父母。他们正被一群人追杀,害怕你受到惊吓而哭叫,所以就要割断你的喉咙。现在你明白了真相,你恨不恨他们?"

听完之后,小和尚有些伤心,但依然斩钉截铁地回答说:"不恨,倘若当时换作是我,我也会这样做的。"

师父说:"你不恨他们,是因为你感激他们生下了你。那么你为何要恨生活给你的痛苦呢?难道生活不是更值得你去感激吗?"

若干年后,这座寺院有了很大的名气,许多人都会来这里参佛。寺院的主持就是当年的那个小和尚,因为他终于领悟了感激。同时,他还会告诉来这里参佛的每一个人要学会感激。

——摘自《与抱怨说再见》

生活告诉我们,世界上没有完美无缺的事物。许多事物常常都是一把双刃刀,如果只看到刀刃的一面,那么受伤的永远是自己。因此我们要少一份抱怨,多一份感激。要想对他人心存感激,就要常怀慈悲之心、仁爱之心;要想有一颗感激之心,就要多给予少索取,令自己心安理得。与别人发生矛盾时心存感激,就会使你想起曾经他对你的关怀与帮助,化解心灵的隔阂。对现实不满时心存感激,就会使你对生活产生美好的信念,从而生活得更好。

一位伟人说过:"有所作为是生活中的最高境界,而抱怨则是无所作为,是逃避责任,是放弃义务,是自甘沉沦。"不管我们经历怎样的境遇，一味地抱怨不已，只会于事无补，而且会把事情弄得更加糟糕，尽管这不是我们想要的结果。

一个傍晚，过路的老人看到一位年轻人正坐在一块石头上叹气，在他的身旁摆着一担柴火，明显是刚从山上砍的。

"年轻人，你有什么困难吗？"老人疑惑地问道。

"唉，每天上山砍柴前，我都计划好要砍两担柴的，可是，每次不是斧子钝了，就是体力不支，因此我的目标从来没有实现过。为这，我很沮丧，每天都过得很不开心。"

"年轻人，很多事强求不来，一切顺其自然，就不会徒生那么多烦恼了。"说完后，老人就消失了。

——摘自《专家写给学生的心理呵护书》

一切顺其自然，说来容易做起来难，但若是你真能做到这一点，那么你就会从中受益很多。有人说，一个人如果在青少年时就知道永不抱怨的价值，那真的是一个明智而良好的开端。如果我们还没有修炼到这种境界，那么就记住：倘若事情没有做好，就不要为抱怨找借口。

一个人经过一棵椰子树，正巧一只猴子从树上扔下来一个椰子，击中了他的头。没有想到，他摸了摸被打中的头，然后捡起椰子，吃椰肉、喝椰汁，最后还用椰壳做了一个碗。

试想，如果猴子扔下的那个椰子击中的是你的头，你会怎么做呢？咒骂？怨恨？或者教训猴子一顿？这些都无济于事，而且会使你的心情变得更糟。如果你能够像故事中的人一样，怀有一个积极的心态，那么你可能会感谢那只猴子，因为没有猴子的淘气，就没有椰子。如果没有这些，你也许无法解决旅途中的无聊、寂寞和饥饿。

抱怨是一种不良的心态，抱怨生活的不堪，只能说自己内心有多不堪，抱怨别人残忍，只能让明自己不懂感恩。也许，抱怨不是目的，只是想证明自己的价值，或者引起别人的注意。

光阴流逝，不要让岁月留给我们太多的抱怨，在磨练中应该给自己一些淡泊；人生过往，不要让往事给我们留下太多的迷惑，而应经历磨砺不抱怨，这才是生命的从容；面对生活，我们不应该无止境地抱怨，应该用坚强和睿智去面对，这样才能感受到生活里温馨、恬淡的美妙时光。

人生苦短，红尘深浅，人生如果要保持快乐，就要遵守一个原则：相信自己，不要抱怨生活，从容面对坎坷；学会知足，不要抱怨别人，积极完善自我；相信自己，很多时候我们的失败与苦难，不是因为我们能力不够，而是我们不愿意去努力，所以从现在开始，摒弃抱怨，让自己积极起来！要知道，积极的人生才不会有解决不了的难题！

用积极的态度面对生活

人生在世，难免会遇到各种各样的困难和挫折，但我们不能有太多的抱怨，因为我们最终将发现问题的实质不是在于别人，而是在于自己本身。人活着就要激进，在优胜劣汰、适者生存的现今社会中，这是人性的使然，这是社会的使然。为了适应时代的发展趋势，人作为一个独立的自然人，必须要树立积极进取的人生态度。只有树立积极的人生态度，我们才有足够的欢乐去感知生活的甜蜜，我们才有足够的尝试去赢得人性的坚强，我们才有足够的悲伤去承载人情的冷漠，我们才有足够的希望去快乐地成长。

我们每个人都要有一种积极向上的感情和信念，保持积极的工作态度，这样才能够创造积极的辉煌事业。

法国科学家巴斯德曾说："辞典里最重要的三个词，就是意志、工作、等待。我将要在这三块基石上，建立我成功的金字塔。"无论是谁，要想成功，都必须像巴斯德一样，怀有一种积极进取的态度。在人的身上潜藏着一股自然的活力，那是生命的隐性元素，更是我们无法估计的生命潜能。要想开启它，只有一个办法，那便是用一种积极的态度来面对生活。

美国联合保险公司业务部有一个志向高远的人，他的名字叫贝尔·艾伦，而他的志向就是要成为公司的王牌推销员。

有一天，他在下班的路上买了一本杂志回家去读，突然读到一篇令他非常振奋的文章，名字叫《化不满为灵感》。作者教导广大读者，如何利用积极的态度，做出自己的一番事业来。艾伦认真地反复回味，并暗自在心中思考着，也许有一天这个观念会对工作有很大的帮助。

那一年的冬天，艾伦在工作上屡屡遭遇不顺，正好为他提供了试验这个观念的机会。在寒风凛冽的冬天里，艾伦正在威斯康星市区里挨家挨户地拜访。然而，非常不走运的是，他总是被拒之门外。艾伦的心情糟糕透了。这天晚上回到家里，晚饭一点也吃不下，他烦躁地翻看着手上的报纸。忽然间，脑际中闪出了一个念头，他记起了曾经读过的那篇《化不满为灵感》的文章，于是兴冲冲地将那本杂志找了出来，认真仔细地又读了一遍，然后他鼓励自己说："明天我一定要再去试一试！"

第二天，他到公司向上级报告昨天推销保险的情况。当他走向上级办公室时，遇到了其他与他遭遇相同的同事，他们个个都表现出垂头丧气的模样。然而艾伦却没有表现出任何沮丧，他精神饱满地向上级说明昨日进度。最后艾伦还做了这么一个结语："放心好了，今天我还要再去拜访昨天那些客户，今天的工作一定会有进展的！"

不知道是幸运之神看出了他的积极态度，还是那篇文章真的奏效，艾伦真的说到做到。他再次来到昨天到过的那个地方，然后再度拜访了每一位客户，结果很令人吃惊，他一共签下了66份新的意外保险单。

——摘自《用积极的态度微笑面对每一天》

积极的态度，让贝尔·艾伦取得了令人瞩目的成功，更让他重新燃起必胜的信心。这是许多成功者在受挫中扭转时局的重要方法，因为他们都知道：只有采取积极的行动，才能化危机为转机。只有抱着积极的心态，才能看到身边暗藏的机遇。如果一个人生活态度非常积极，那么他的内心必然活力四射。即使是遇到再大的挫折，他也认为是上天对他的考验；哪怕遇到再大的困难他都不以为然，因为事情再糟糕，他也会微笑着说"没关系，小事一件"。

还在为生活的挫折和事业的不如意而难过吗？抬头看一看明媚的艳阳天！如果今天过得很郁闷，想一想，至少还有明天，把一切的不如意化为一股向上的动力，并积极面对生活中的每一天。那么，我们便能跨过每一个坎儿，最终巍然屹立在生活的最高峰。

有一对性格迥异的双胞胎，哥哥是彻头彻尾的悲观主义者，弟弟则是个天生的乐天派。在他们八岁那年的圣诞节前夕，家里人希望改变他们极端的性格，为他们准备了不同的礼物：给哥哥的礼物是一辆崭新的自行车，给弟弟的礼物则是满满的一盒马粪。

拆礼物的时候到了，所有人都等着看他们的反应。

哥哥先拆开他那个巨大的盒子，竟然哭了起来："你们知道我不会骑自行车！而且外面还下着这么大的雪！"正当父母手忙脚乱地希望哄他高兴的时候，弟弟好奇地打开了属于他的那个盒子——房间里顿时充满了一股马粪的味道。出乎意料，弟弟欢呼了一声，然后就兴致勃勃地东张西望起来："快告诉我，你们把马藏在哪儿了？"

对于一个悲观的人来说，天下没有一张合适他的凳子。对于一个乐观的人来说，即使天空下着雨，他的心里也是明媚的。

——摘自《语言新闻》

可可选择了人生的背面，他对待世事都持一种消极的心态，不知道换个角度看问题，总是一味地抱怨，而正是因为他的抱怨，也让他失去了快乐的机会。牢骚也好，抱怨也罢，都是因为抱有的心态不对，看问题的角度不对，如果能够以积极的心态，换个角度乐观地看问题，相信人的心情会一下子好起来。事物在一个人心中的好坏，不在于事物本身，而在于人的心态。

试想一下，如果我们凡事都往好处想，让"积极"占据我们的心，那么一切困难和坎坷都会化解，因为积极的心态会让我们更有动力，勇敢去面对生活中的一切，不会逃避，不会不好意思，与此同时，也给我们增添了胜利的筹码。所以，从现在开始，让我们积极一点儿，为自己创造美好的人生吧！

第六章
拿出勇气，成功要从险中求

敢为天下先，敢于冒险，是多数人走向成功的一个共同因素。人生本来就是一场冒险的旅程。有些人之所以不能成功，就是因为害怕去冒险，结果因此错失了很多机遇，最终与成功失之交臂。所以，想取得成功，就要学会做个冒险家，奋力一搏。

做敢吃"螃蟹"第一人

其实，人生最大的风险就是永远不冒险。但世界上大多数人却不敢走这条冒险的捷径。他们拥挤在平平安安的大路上，四平八稳地走着，这条路虽然平坦安宁，但距离人生风景线却相当遥远，所以，他们永远也领略不到奇异的风情和壮美的景致。

康德说："人的心中有一种追求无限和永恒的倾向。这种倾向其实就是冒险。"在勇冒风险的过程中，你就能使自己的平淡生活变成激动人心的探险经历，这种经历会不断地向你提出挑战，不断地奖赏你，也会不断地使你恢复活力。

相传几千年前，人类的祖先已经在江南的陆地上定居栖息，从事捕捞水产和农垦耕作，一代又一代含辛茹苦地创建出一个鱼米之乡。可是，江湖河泊里却冒出了许多爱朝亮光爬行的甲壳虫，双螯八足，形状凶恶，可闯进稻田偷吃谷粒，还用犀利的螯伤人。后来，大禹到江南开河治水，派壮士巴解到水陆交错的阳澄湖区域督工，带领民工开挖海口河道。入夜，工棚口刚点起火堆，谁知火光引来了黑压压的一大片"夹人虫"，一只只口吐泡沫像湖水汹涌而来。大家赶紧出来抵挡，工地上激起了一场人虫大战。巴解寻思良久，想出了一个办法，叫民工筑座土城，并在城边掘条很深的围沟，待天晚城上升起火堆，围沟里灌进沸腾的开水。

第六章
拿出勇气，成功要从险中求

烫死的夹人虫浑身通红，堆积如山，发出一股引人开胃的鲜美香味。巴解闻着后，好奇地取过一只细看，把甲壳掰开来，一闻香味更浓。他想：味道喷香扑鼻，肉不知能不能吃？便大着胆子咬了一口，谁知牙齿轻轻嚼动，味道鲜透，比什么东西都好吃。大家见他吃得津津有味，胆子大的民工也跟着吃起来，无不大喜说："大家来吃夹人虫，味道香极了！"当地的百姓获悉后，也就纷纷捉夹人虫吃，很快又传遍四面八方。从此，先民们都不怕夹人虫了，被人畏如猛兽的害虫一下成了家喻户晓的美食。大家为了感激敢为天下先的巴解，把他当成勇士崇敬，用解字下面加个虫字，称夹人虫为"蟹"，意思是巴解征服夹人虫，是天下第一食蟹人。

——摘自中国江苏网文章 http://tour.jschina.com.cn

在几千年前，人烟稀少，人类尚在艰难的生存当中。然而，巴解却敢于吃夹人虫，此等壮举被后人传为美谈。于是，后世人们就把敢于尝试，敢于冒险的人称之为"敢吃螃蟹"的人。

在我们的生活中，有一种与巴解完全相反的人，他们死死抱住以前的规矩，不敢越雷池半步。在他们的眼睛里世界是静止的，至少变得没有那么快。他们顽固地认为："这个方法五年前有效，现在应当还有用。"

商鞅提倡变法时，朝廷大臣甘龙曾反对说："古代圣人都是不改变民俗而教化他们，智慧的君主也是不变换法令而治理国家，这样不必花费很大的气力就能成功。按照旧的法令办事，官吏熟悉，百姓也习惯，何必搞什么变法呢？"

商鞅反驳说："平常的人安于老一套习惯，死读书的人沉溺于往日的见闻，靠这两种人做官守法还是可以的，但不能与他们谈论变法革新的道理，因为他们的思想太保守了。三代不同礼而称王天下，五代不同法而称霸天下，从古到今哪有不变化的道理呢？贤者智人从来都是作法更礼，而愚人不肖者不明变通，才阻挠限制变法！"

大夫杜挚讲不出多少道理，竟一口咬定说："反正效法古人是无罪的，遵循古礼是不会犯错的！"对此，商鞅针锋相对地说："治理国家从来不是一成不变的，更没有一套固定的办法。商汤和周武都没有效法古制，他们却得了天下；夏桀和殷纣没有改变礼法，他们却相继灭亡了。所以说，违反古例不一定错，遵循古法也不一定对！"

秦孝公听后觉得有理有据，便坚决地支持商鞅变法革新。

商鞅变法，直面血淋淋的奴隶贵族制度，掀起一场自上而下的改革变法运动，虽然无数的腥风血雨，无数的阻挡挫折，甚至于最后商鞅失去了自己的身魄，但他敢吃"螃蟹"的精神却让他的灵魂永存于世，他的所有智慧、努力也得到传承。经过商鞅变法后，秦国逐渐成为七国之中实力最强的国家，为以后统一全国奠定了坚实的基础。可以说，秦国正是因为抓住了机遇，所以才能最终一统大中华。

——摘自《经典故事》

大凡成就大业、出名的人，都是有胆有识的人。没有胆识之人，只能站在一旁看热闹。

由此可见，如果我们局限于前人的经验，那么吃亏的必然是我们自己。没有勇气和胆识是很难取得成功的。没有勇气和胆识的人，只能按部就班，安于现状，不会有新的局面出现。因此，让我们摆脱因循守旧、墨守成规的老思想，成为第一个吃螃蟹的人吧！

风险和成功是相伴而行的

古语常言"不怕一万，就怕万一""凡事三思而后行，谋定而后动"，这些当然是没有错的。但无论我们谋划得多么周密详尽，风险还是会不期而至。康德说，"每个人心中都有一种追求无限和永恒的倾向，这种倾向反映在行为上就是冒险。"敢于冒险是一笔宝贵的财富，是一种超越平庸的豪情，它在使人冲动的同时却又给予人们以激情、活力、朝气，以及敢向一切挑战的勇气。

一个锐意进取的人，就像有一种烈火似的热情，雷厉风行。许多人对此非常羡慕，以为他们在这方面得到了上天的恩赐。实际上，这不过是因为他们专注于一个目标敢于冒险的缘故。

在冒险的这方面，美国的一个小小的海军上尉西姆斯就做得很好，当时，西姆斯是处于一种无权发言的地位，但是他还是鼓起勇气去说了。本来不该说的他说了，然而，最后的结果是可喜的，他成功了。当时的美国海军还没有找到一种训练打靶的好方法，这使得许多海军士兵不能自信射中任何物件。在别的地方，一位名叫司各脱的队长发明了一种训练打靶的方法，西姆斯觉得那种方法能够有效地训练炮手，能让他们射得很准确，还可以节省许多火药。

西姆斯果断地向他的长官呈请了他的想法，但是没有得到许可。接着他又向更高一级的长官呈请，还是被打了回来。最后，他便直接写信给罗斯福总统——一个小小的上尉竟然做出这样的事来，按道理来讲是极不合法的。军队一向以纪律严明著称，一切往上的信札，都必须先经过最接近的长官，然后再层层上报。西姆斯先是给海军部长写信，然后又直接写信给大总统，这种行为按照当时的军规已经是很大的错误了。

虽然如此，他终究还是胜利了。罗斯福总统决定给这个上尉一个机会。于是在一个海域里，立起了一个大靶子，最开始让各种船只用旧方法向靶子开炮射击，但是一直打了五个多钟头，一炮也没有打中。西姆斯向总统证实了他的看法——老方法根本就行不通，必须采用一种准确的、系统的训练射击的方法。他成功了，并且还得到了罗斯福总统的赞许。

——摘自《成大事的男人》

试想一下，若是西姆斯一直没有发表自己的想法和建议，那么结果就会不同了。归根到底，人生就是把你所计划的事情付诸实施的一系列过程。当然，你不可能知道事情将来的结果会怎样。如果这些结果你都知道了，人生又有什么意思呢？

在这世上，没有任何一个人在未做一件事之前就知道它的结果，既然人人都是如此，我们又有何惧怕呢？如果我们已经冷静地思考过了，认为一件事值得去做，那么就不要犹豫，果断地做出决定，要知道有风险才有成功的机会。风险和成功是相伴而行的。

梅柯克开办了一家农机公司，开始的前几年，生意非常清淡，公司面临着破产的危险。为了能够让公司起死回生，梅柯克推出了"保证赔偿"的营销策略。梅柯克许诺，在机器使用两年内，如出现故障，由该公司免费维修。

这是一个极具风险的策略，因为收割机出现故障，究竟是人为操作不当，还是质量原因，公司很难调查清楚，因此几乎所有的公司高级职员都反对这一办法，建议梅柯克另作考虑。

梅柯克不为所动，因为他的想法来源于对自己产品的反复研究和思考。他认为自己生产的收割机虽然尚有需要改进之处，但质量方面绝不会出现问题。公司生意不好，在于产品的知名度不高，如果不能在服务方面给予用户足够的保障，就不可能打开营销局面，因此，他认为："投资必有风险，如果本公司不开拓一条新路，是难以为继的。"

这一策略果然取得了成功，不过数年，这家公司就成了真正的国际性公司。

梅柯克不因失败而不去冒险，敢于尝试，最终成功。这就是现代生意人能够发财的秘诀！

鸵鸟在遇到危险的时候常行掩耳盗铃之举，把自己的头埋在沙土中获得心灵上的解脱。我们成年之后，虽然知道好多事情不能逃避，必须坚强面对，要冒风险，但还是在心底存留着那种逃避和找寻安慰的想法。事实上，困惑和风险也是欺软怕硬的纸老虎，你强它就弱，你弱它才强。想要创造财富，就要敢于冒险，这样才有成功的可能，因为冒险和成功并存。

世界上没有一件可以完全确定或保证的事。成功的人与失败的人，他们的区别并不在于能力或意见的好坏，而是在于锐意进取的决心、适当冒险的个性与采取行动的勇气。冒险精神是构成卓越人生的重要组成部分，世界上任何领域的一流高手，都是靠着勇敢面对他所畏惧的事物，才出人头地的，而一些实现致富梦想的人，也大都以冒险的精神作为后盾。

所以，无论你是不是一个敢于冒险的人，做事时都要有锐意进取的心态，生命何其短，不如让冒险与成功同行，拼一把，千万别空留遗憾！

风险有多大，机会有多大

人生在世，做事业必然会有风险，但是，有风险并不意味着失败。只要你做了冷静的思考与分析，它很可能会转变为难得的机遇。所以，要想成就非凡的事业，就不要胆小怕事，而是拿出非凡的冒险精神与勇气。

风险常常是与机遇之神结伴同行的，我们必须要有一种冒险精神，才能够抓住成功的机遇。越是美好的东西，越是要经过冒险才能得到。风险有多大，成功的机会就有多大。

已经多次登上福布斯中国富豪榜的李桂莲，从小只读过四年书，但是，她的性格一点也不像小女子，她有着一个大企业领导应有的冒险精神和超前意识。

1979年，正值中国改革之初，李桂莲把全村的65台缝纫机和10多位技术比较"精湛"的女裁缝都拉了出来，李桂莲又挑选出了85名"优秀工人"。后来，她们都成了大杨集团的"元老"。李桂莲带领自己的这些农民员工，帮当时大连一些国有工厂做散单。

在20世纪80年代初，建厂伊始的李桂莲就立下了远大目标：要跨出国门挣洋钱。"搞经营做买卖，眼睛不能只盯在国内市场上，要敢于参与国际竞争。"

第六章
拿出勇气，成功要从险中求

1981年的春天，大连一家大服装厂厂长找到李桂莲，说他们厂与一家美国公司签订了一个条绒西服合同，整装由46块面料组成，要求三天内拿出样品，准备去西欧参加博览会。如果三天拿不出样品，这家美国公司不但会另选厂家，还要索赔。

这对当时一个规模不大的服装厂来说，确实是一个不小的挑战。但是同时，这也是一次难得的机会。李桂莲感到，加工这批高档出口服装，是她们小厂创信誉、挤进国际市场的机会，她决心抓住这个千载难逢的机遇。

厂里有位领导说："这批西服别说干，咱厂这些乡下人连看也没看到过！这不是冒险吗？"

李桂莲却说："做这批西服要说冒险，主要是时间紧、技术质量要求高，但如果我们干好了，一是可以巩固与大连外贸方面的关系；二是可以一举进入国际市场，更大的经济效益在后面。"

说干就干，李桂莲着手组织人马到大连市里拉布料，并立即投入生产。三天三夜，李桂莲与工人们一起，吃在车间，干在车间。第三天中午，400件样品终于赶制出来了。

当李桂莲和技术人员赶到机场把样品送到外商面前时，外商吃惊了。他们对样品很满意，但不相信这是农村小厂做出来的。

当时的外商喜欢直接与服装加工厂接洽，他们需要在技术上精密把关，在工艺上有更密切的交流。

他们直接退了机票，来到厂里，直奔车间，既不坐下，也不喝水，顺着车间流水线逐道工序查看，并撕破了一件西服做破坏性试验。

检验的结果，使他们对各方面都非常满意。于是，外商当场拍板：16000件条绒西服全在这里做。

风险越大，机遇给予的成功指数也就越大，有的人由于怕承担风险，而任凭机遇与自己擦肩而过；有的人则以超人的胆略捕捉了它，投机遇所好，从而获得了巨大的成功。

如果当初李桂莲安于做个农村小女人，就没有后来的服装厂；如果当初李桂莲安于守着自己的小厂稳稳当当过日子，跟在大厂后面继续接散单，也就不会有后来的16000件条绒西服定单，更不会有福布斯排行榜上这个仅读过四年书的农家女。

年龄和冒险精神之间，存在一种关联。经验越丰富，人就越谨慎；财富越多，人就越想求稳，这是人性的基本法则。这辈子获得的成功越多，就越想躺在功劳簿上睡大觉。

机会犹如白驹过隙，稍纵即逝。当机会来临时，敢于冒险并立即抓住它，要比犹豫不决好得多。虽然我们不赞成赌徒式地冒险，但也应该知道，任何机会都有一定的风险，如果因为害怕风险而放弃机会，无异于因噎废食。所以，凡成大事者，无不具有非凡的勇气，他们不但能在机会中看到风险，更能在风险中抓住机遇。香港风云人物李嘉诚就是这样一个善于在风险中把握机遇的人。

大名鼎鼎的刘永好先生，出生于1951年，四川省成都市人，大学文化、高级工程师，新希望集团董事长。他的成功，得益于他敢吃"螃蟹"的冒险精神。

1982年，我国改革开放还处于起步阶段，刘永好先生便与自己的三位兄长一道，将令人十分羡慕的铁饭碗打破，分别辞去在政府部门、教育机构和国有企业的公职，下海创业。

创业之初，他们变卖手表、自行车等家产，筹集1000元人民币，作为创业初期的投入，从种植、养殖起步，历经磨难，坚持不懈，经过六年时间，积累了1000万元，并在20世纪80年代末期转向饲料生产。在随后的几年时间里，他们以自己的努力让企业滚雪球式地发展壮大，创出了中国最大的本土饲料企业集团——希望集团。

希望集团在中国100家最大的饲料生产企业中排第一名，曾是国家工商总局评选的全国500家最大私营企业名单中的第一名。1996年，在党和政府关于多种经济成分共同发展的政策推动下，刘永好组建了新希望集团。新希望集团聘有上万名员工，共有80多家企业，海外有4家公司。新希望产业范围涉及饲料、乳业及肉食品加工、房地产、金融与投资、基础化工、商贸物流、国际贸易等领域。

新希望集团的迅速崛起，被美国《商业周刊》评选为"2000亚洲之星"。新希望集团亦获得中国企业管理协会授予的企业杰出管理奖。

1993年，刘永好先生等联合国内九位民营企业家联名发出倡议，动员民营企业家们到中国西部贫困地区投资办厂，培训人才，参与社会扶贫。这一举措旨在响应中国政府提出的用本世纪最后七年时间消除8000万人贫困的"八七扶贫攻坚计划"目标。这项倡议及其行动被称为"光彩事业"，它引起了中国民营企业界的热烈反响，全国先后有3800名民营企业家参与进来，包括来自香港和澳门的企业家。

"光彩事业"的实践对改善贫困地区群众的生活、增加就业、繁荣地方经济等均起到了很大作用。新希望集团作为倡议者之一，更扮演了积极参与的角色。在中国西部和中部的贫困地区投资近2亿元，兴建14家"光彩事业"扶贫工厂。刘永好因此荣获全国"光彩事业"金质奖章并被推选为全国"光彩事业"促进会副会长。

其实，机遇对任何人都是公平的，关键是看你敢不敢去冒险。不敢冒险的人永远也无法拥有机会，只有勇于冒险，抢占先机，才能获得成功人生。因此，如果你想有所成就，就要挑战内心的胆怯，鼓足勇气，及时抓住机遇来的每个瞬间。

生意本身对于经商者就是一种挑战，一种想战胜他人、赢得胜利的挑战。所以，在生意场上，人人都应具有强烈的冒险意识。"一旦看准，就大胆行动"已成为许多商界成功人士的经验之谈。如果你也想成为百万富翁，那你最好多一点冒险精神。在不确定的环境里，人的冒险精神是最稀有的资源。

险中有夷，危中有利，要想有丰硕的结果，就要敢冒风险。生活是离不开冒险精神的。许多表面上看来不可能的事情，只要你有胆量去做，并且付出自己的努力，可能就会获得意想不到的成功。

风险是客观存在的，做任何事情都不可能一帆风顺，都有成功和失败的可能，只是风险大小不同罢了。世上没有万无一失的成功之路，世界是变幻莫测、难以捉摸的。所以，想成就非凡的事业就必须有非凡的冒险勇气。

想成功，就要敢想敢干

查尔斯·F·凯特林说："勇于尝试，那么在某件事上栽跟头可能是预料之中的事；但是，从来没有听说过，任何坐着不动的人会被绊倒。"是的，任何一个有成就的人，都有勇于尝试的经历。尝试也就是探索，没有探索就没有创新，没有创新就不会有成就。所以说，一个敢想敢做的人才能拥有绚烂精彩的人生。

成功人士有三个共同的特点：一是敢想，二是敢做，三是能做。敢想并不是毫无根据地乱想，而是要有自己明确的目标，这件事情，必须是你真的希望实现的；敢做不是违法乱纪，不择手段，而是一种执著的态度，不达目的不罢休的韧劲，能做的人往往也不需要有太高的天赋，只要你愿意，就能够成为那个能做的人。

温州商人王均瑶是中国私人包机第一人。他的成功就是由自己当初的大胆想法开始的。1991年春节前夕，当时还是温州金城实业公司驻长沙办事处主任的王均瑶，赶回家过年，因为买不到火车票，就与几位同乡包了一辆大巴回家。去温州的山路不好走，汽车在1200多公里的漫长山路中颠簸前行，把一伙人累得够呛，王均瑶随口感叹了一句："汽车真慢！"旁边的一位老乡挖苦说："飞机快，你包飞机回家好了。"说者无心，听者有意，别人眼里的一句反胃的讥讽，却是王均瑶的当头棒喝。

这位爱思索的年轻人开始反问自己："土地可以承包，汽车可以承包，为什么飞机就不能承包？"小小的打工仔王均瑶决定大干一番。

在大家的质疑声中，王均瑶义无反顾地踏上了"包机"的道路。他独自一人筹划了很长一段时间，而后又进行了长达八九个月的走访、市场调查和跟有关部门的沟通。首先，他说服了湖南省民航局：温州—长沙的航班客源充足。他调查到至少有1万左右的温州人在长沙做生意，并且温商不仅把时间看做金钱，还把精力消耗列作一项经营成本。另外，为了消除民航局对于经营风险的担心，王均瑶采用了"先付钱、后开飞"的合作模式："我先把几十万元钱押给你们，等于每次先付钱，后开飞，这样你们就'旱涝保收'了。"这句话打动了民航局的心。

在跑了无数个部门、盖了无数个图章后，温州—长沙的包机航线终于开通了。1991年7月28日，对王均瑶来说是个值得纪念的日子。随着一架"安24"型民航客机从长沙起飞平稳降落于温州机场，中国民航的历史被一个打工仔改写了。一时间，中国及美国、新加坡、日本等国的新闻媒体竞相报道，称此举是中国民航扩大开放迈出的可喜一步。"那是我生命中最重要的一天。我的个人形象、人生道路都改变了！如果说人生是个大舞台，那一天，作为一名演员，我面试合格，被允许登上舞台。"王均瑶这样评价他在生意场的首次重要演出。

——摘自《沉得住气·弯得下腰·抬得起头：人生三大境界大全集》

他的想法被当时的人看作是白日梦，但是敢想的他并没有让自己的理想止于想象，而是积极地去把自己的想法变成实际行动，所以凭借自己敢想敢干的韧劲他成功了，成为人们关注的焦点人物。

阿里巴巴网站首席执行官马云曾说，大部分年轻人是"晚上想好千条路，早上起来走原路"。所以我们一定要明白，想成功，心动的想法很重要，而行动更重要。不要抱怨自己的命运不好，唯有行动才可以改变你的命运，一万个空洞的幻想还不如一个实际的行动。"终日所思，不如须臾之所学"，马上行动，成功也就离你不远了。

第六章
拿出勇气，成功要从险中求

自古盖房子出售，都是先盖好房，再出售。对此，霍英东反复问自己："先出售，后建筑"不行吗？正是由于霍英东这一顿悟，使他摆脱了束缚，迈上了由一介平民变为亿万富豪的传奇般的创业之路。

霍英东是中国香港立信建筑置业公司的创办人。在香港居民的眼中，他是个"奇特的发迹者"。"白手起家，短期发迹""无端发达""轻而易举""一举成功"等，这些议论将霍英东的发迹蒙上了一层神秘的色彩。霍英东的发迹真的神秘吗？不，他主要是打破常规，运用了"先出售，后建筑"的高招。

霍英东还有另一个可贵的品质，那就是不错过任何一个机会来发展自己的事业。朝鲜战争结束以后，霍英东慧眼独具，他看出了香港人多地少的特点，认准了房地产业大有可为。于是就倾其多年的积蓄，投资到房地产市场。1954年，他着手成立了立信建筑置业公司。他每日忙于拆旧楼、建新楼，又买又卖，大展宏图，用他自己的话说，他从此翻开了人生崭新的、决定性的一页！

如果说霍英东早年经营航运业是他创业初期练兵的话，那么他超人的经营理念则在经营房地产业的过程中得到了充分的体现。他以前的房地产业，都是先花一笔钱购地建房，建成一座楼宇后再逐层出售，或按房收租。他则"变了个戏法"，即预先把将要建筑的楼宇分层出售，再用收上来的资金建筑楼宇，来了一个先售后建。这一先一后的颠倒，使他得以用少量资金办了大事情。原来只能兴建一幢楼房的资金，他可以用来建筑几幢新楼，甚至更多。同时，他又能有较雄厚的资金购置好地皮，采购先进的建筑机械，从而提高建房质量和速度，降低建造成本，更具竞争力的是他的楼宇位置比同行的更优越，而价格却比同行的更低廉。而且，有时他还采用分期付款的预售方式，使人人都能买得起。霍英东的戏法真是高招，他开创了大楼预售的先河。为了推广先出售后建筑的"戏法"，霍英东率先采用了小册子及广告等形式广为宣传。

他说："我们开展各种宣传，以便更多有余钱的人来买。譬如来港定居或投资的华侨、侨眷、劳累了半生略有积蓄的职员、赌博暴发户、做其他小生意胀满荷包的商贩，都可以来投资房产。谁不想自己有房住？只有众多的人关心它、了解它、参与它，我们的事业才有希望。霍英东的广告效果颇为不错。立信建筑置业公司在短短的几年里所营建、出售的高楼大厦就布满了香港、九龙地区，打破了香港房地产买卖的纪录。这个既不是建筑工程师出身、又非房地产经营老手的水上"穷光蛋"，用不长的时间便成了赫赫有名的楼宇住宅建筑大王、资产逾亿万港币的大富豪。现在，霍英东名下的公司有60余家，大部分都经营房地产生意，或与房地产关系密切。由他担任会长的香港地产建筑商会，经营着香港70%的建筑生意。

——摘自《霍英东的奇思妙想》

霍英东向自己提问，成就了成功创富的大业，值得我们学习和借鉴。

一个很成功的推销员曾说他的成功源于他颇为自豪的习惯，而他的习惯就是：勤于思考，多问自己几个"为什么"。"我甚至还想出一个秘诀来养成这个习惯。"他说，"去拜访顾客之前，我一定要先静下心，喝杯咖啡，擦擦皮鞋。这样一来，在我真正踏入顾客办公室之前，我有一个最后思索的机会——如何表现自己。所得到的效果好极了！除了能从容地应付对方所提的问题外，还使我推销了很多的东西。"所以我们说，无论所做决定重大与否，一定要在此之前给自己以思考的时间，多对自己发问。

敢想敢做，可能注定要经受一些挫折，但是那些没有勇气将自己所想付诸行动的人，永远都体会不到行动的乐趣，即使是挫折也是自己的一笔宝贵财富。所以要想成功，就要敢想更要敢把自己所想的付诸行动。

鲁迅先生曾经说过，"其实地上本没有路，走的人多了，也便成了路。"所以他十分赞赏敢想敢做的人，那些在人类前进道路上披荆斩棘的人。敢想敢做就是开拓。人生的转变不是靠别人带给我们机遇的，而是自己要善于思考，更要善于把自己所想的化为实际行动，只有这样，才能有更多的机会去改变自己的人生。

迈出"第一步"就是成功

俗话说:"万丈高楼平地起,凡事都要有第一步。"然而,很多人惧怕第一,害怕开始。想想我们小时候,在开始学走路时,第一步是最难迈出的;学习上,第一个字是最难学的;经商时,第一个1万元是最难挣的……所以人们常说:"万事开头难。"但是,如果不迈出第一步,怎么能学会走路?如果不迈出第一步,怎么就知道自己不会成功?

第一次的跌倒、摔跤,让我们记住了疼痛;第一次学会走路,让我们知道了人生路途的艰辛;第一次叫爸爸、妈妈,让我们永远地记住了我们的恩人;第一次失败、受挫,让我们尝到了成功背后的辛苦付出;第一次……无数的第一次让我们尝试了,也让我们明白了很多很多……

可以说,没有什么人一生下来就什么都会,只有经过探索和努力才能取得成功,而这个过程中的每个阶段都需要勇敢地迈出第一步。就像千里马,它的速度并不在于日后的训练,而取决于出生时的第一步。

柏森·汉克在1983年创造了一项新的世界纪录:当时的他徒手爬上了纽约的帝国大厦,成为一个名副其实的"蜘蛛人"。

汉克的这一成就引起了轰动。美国恐高症康复协会致电汉克,表示想要聘请这位"蜘蛛人"做康复协会的顾问。汉克接到电话后,只是请他们查一下该院第1042号病人的资料。结果令所有的人都感到吃惊,原来汉克就曾经是那位患有恐高症的病人。

在一般情况下，一个人如果患有恐高症，哪怕是站在只有一层楼高的阳台上，心跳都会加速。而汉克居然可以徒手爬上帝国大厦，这简直是件不可思议的事情。为了弄清楚事情的原委，该康复协会的主席诺曼斯来到了汉克的住所，决定亲自拜访这个创造了世界纪录的"蜘蛛人"。

当日，在汉克的住所正在举行一个大型的晚会，以庆祝汉克取得的成就。但是，在这个晚会上，吸引众人目光的不是汉克，而是一位白发苍苍的老妇人——汉克的曾祖母。为了给自己的曾孙庆祝，她特地从100公里外的地方赶来，而且是徒步走完了全程。

一位90多岁高龄的老人可以徒步行走那么远的距离，无疑是另一个奇迹。一位记者问她途中有没有放弃的念头，满头银发的老人回答说："要一口气走完全程需要很大的勇气与耐力，但是'走一步'却不需要太多的勇气与耐力。只要我走一步，停一步，再走一步，一步步地接上，这100公里不就完成了吗？"

记者接着问她："这一路走来，哪一段比较困难？"老人爽朗地笑了笑，回答说："第一步，第一步最难。只要跨出第一步，那么接着往前走，100公里也就这么没了。"想必这样正是汉克之所以成功的秘密。

后来记者知道，汉克和汉克的曾祖母都是受到一位徒步旅行者的启发。这一位创造徒步旅行奇迹的也是一位老人，她从纽约市徒步到达佛罗里达的迈阿密。当记者问她为何有这么大的勇气徒步走完全程的时候，这位已经63岁高龄的老人回答说："走一步不需要勇气，就是这样走一步，再走一步，一直走下去，结果就到了。关键是迈出第一步。"

西班牙作家塞万提斯曾说："失去财产的人损失很大，失去朋友的人损失更多，失去勇气的人则失去了一切。"勇气是社会发展、人类进步的重要因素，缺少勇气的人，是无法向前迈出脚步的。所以，要想有所突破，想成就非凡人生，就不能缺少勇气，尤其是在新观念、新事物不被人接受时，就更需要一定的勇气来面对压力和挑战。勇气的有无，往往只在于你

第六章
拿出勇气，成功要从险中求

能否迈出那一步。

无论想要达成怎样的目标，我们总要勇敢地迈出第一步，不管是成功还是失败。如果我们因为害怕失败不敢迈出第一步，那我们将永远失败。很多成功的大门，其实是虚掩着的，只要勇敢地去叩门，迈出第一步，大胆地走进去，尽管会有坎坷，但呈现在眼前的，很可能就是一片崭新的天地。

黛比出生在一个有很多兄弟姐妹的大家庭。从小她就非常渴望得到父亲的赞扬和鼓励，但是由于孩子多，她的父母根本就顾不上她。这种经历使得她缺少自信心，长大成人后依然如此。她后来嫁给一个非常成功的高级管理人员，但美满的婚姻并没有能改变她缺乏自信的心态。当她与朋友出去参加社交活动时，总是显得很笨拙，唯一使她感到自信的就是在厨房里烤制面包的时候。她非常渴望成功，但是鼓起勇气从家务中走出去，做出决定去承担具有失败风险的羞辱，对她来说是想也不敢想的事情。随着时间的推移，她终于认识到自己要么停止成功的梦想，要么就鼓起勇气去冒一次险。黛比这样讲述自己的经历：

"我决定进入烹饪行业。我对我的妈妈爸爸以及我的丈夫说：'我准备开一家食品店，因为你们总是告诉我说我的烹饪手艺有多么了不起。'

'噢，黛比，'他们一起呻吟道，'这是一个多么荒唐的主意。你肯定要失败的。这事太难了。快别胡思乱想了。'你知道，他们一直这样劝阻我，说实话，我几乎相信他们说的。但是更重要的是我不愿意再倒退回去，再像以往那样犹犹豫豫地说'如果真的出现……'"

黛比下决心要开一家食品店。她丈夫始终反对，但最后还是给了她开店的资金。食品店开张的那一天，竟然没有一个顾客光临。黛比几乎被冷酷的现实击垮了。她冒了一次险，并且使自己身陷其中。看起来她是必败无疑了。她甚至相信她的丈夫是对的，冒这么大的险是一个错误。但人就是这样，在你已经有了冒险经历以后，再去面对风险就容易得多。黛比决定继续走下去。

一反平时胆怯羞涩的窘态,黛比鼓起勇气,端着一盘刚烘制的热烘烘的食品在她居住的街区,请每一个过往的人品尝。有件事使她越来越自信:所有尝过她的食品的人都认为味道非常好。人们开始接受她的食品。今天,"黛比·菲尔茨"的名字在美国数以百计的食品商店的货架上出现。她的公司"菲茨太太原味食品公司"是食品行业最成功的连锁企业。今天的黛比·菲尔茨已经成了一个浑身上下都散发出自信的人!

是的,生活中的每件事几乎都是对勇气的考验,比如做错事了需要拿出勇气说对不起,喜欢一个人时需要拿出勇气去表白,看到亲朋好友做错了事需要拿出勇气批评,犯错了需要拿出勇气承担……对于缺乏勇气的人来说,做这些事简直比登天还难,可实际上它并没有像你想象的那么困难,只要你肯战胜自己胆怯的心理,勇敢地迈出以前不敢迈出的那一步,哪怕只是一小步,就可能创造出奇迹。

作为工作上的新手,要想工作能够做得得心应手,时间是一个因素,遇事不能退缩是更重要的一个条件。勇敢迈出第一步,即使遇到了挫折,起码证明了这条路是不正确的,这也为成功清除了一个障碍。

按照原先的说法,只要按部就班地完成自己分内的事就是好的员工,但是现代社会却不再单纯地以这样的标准来衡量一个人的能力和素质。仅仅靠别人给你安排工作终究是被动的,要想进步,还是要学着积极向前,努力发掘自己的潜在能力。

也许有些事情我们从未做过,但这并不能说明这些事情我们做不了,关键在于你是否想做成这件事,是否敢于跨出这一步,在同一起跑线上的两个人,谁先迈出第一步,谁就会掌握主动权。

所以,要勇敢地迈出第一步,努力尝试,即使失败,也是成功的开始。勇敢迈出第一步的人,总不会失望而归。畏首畏尾、胆小怕事,终不能成就大事。只有勇于开拓,永远走在最前面的人才是真正的英雄。

冒险，是生命的另一次重生

比尔·盖茨说："所谓机会，就是去尝试新的、没做过的事。可惜在微软神话下，许多人要做的，仅仅是去重复微软的一切。这些不敢创新、不敢冒险的人，要不了多久就会丧失竞争力，又哪来成功的机会呢？"

1966年2月15日，王传福出生在安徽无为县一户再平常不过的农夫家庭，在父母的关爱下度过了无忧无虑的童年。然而，在他读初中时家里发生的变故，让他经受了心灵的创伤并从此沉静寡言。为了忘掉痛苦，年纪尚小的王传福便两耳不闻窗外事，用心苦读，形成了坚强忍耐的性格。他相信，没有比脚更高的山，没有比脚更远的路；他坚信，只要灵魂不屈，自己一定会走出一条平坦大路。

1987年7月，21岁的王传福从中南产业大学冶金物理化学系毕业进入北京有色金属研究院。在研究院期间，他更加耐劳，把全部的精力投入到电池研究中去。人们常说，有志者，事竟成。仅仅过了五年的时间，26岁的王传福被破格委以研究院301室副主任的重任，成为当时全国最年轻的处长。而更让他意想不到的是，一个促使他从专家向企业家转变的机遇从天而降。1993年，研究院在深圳成立比格电池有限公司，因为和王传福的研究领域紧密相关，王传福顺理成章成为公司总经理。

在有了一定的企业经营和电池生产的实际经验后，王传福发现，作为自己研究领域之一的电池行业里，要花2万~3万元才能买到一部大哥大，电池工业跟着移动电话的"井喷"方兴未艾。作为研究方面的专家，眼光敏锐独到的王传福心动眼热，他坚信，技术不是什么难题，只要能够上规模，就能干出大事业。于是，他作出了一个大胆勇敢的决定——脱离比格电池有限公司单干。脱离具有强盛背景的比格电池有限公司，辞去已有的总经理职务，这在一般人看来太冒险。但王传福相信一点：最辉煌的风景总在悬崖峭壁，富贵总在险境中凸现。1995年2月，深圳乍暖还寒，王传福向做投资生意的表哥吕旭日借了250万元钱，注册成立了比亚迪科技有限公司，领着20多个人在深圳莲塘的旧车间里扬帆起航了。

由比亚迪创立者到电池大王成立一个公司并不难，出产一个产品也不难，难的是如何将尽可能小的投入演变为尽可能大的产出。这就需要眼光，需要冒险。

很多人创业失败不在于缺乏资金，而在于缺乏眼光和冒险精神。王传福拥有的最大的资本，就是战略眼光和冒险精神。回想起当时的情形，王传福都有些不敢相信自己哪来这么大的勇气。在当时，日本充电电池一统天下，海内的厂家多是买来电芯搞组装，利润少，几乎没有竞争力。如何打开局面？经过认真思索，王传福决定依赖自身技术研究优势，从一开始就把目光投向技术含量最高、利润最丰厚的充电电池核心部件——电芯的生产。事实证实，王传福这一招可谓是后发制人、一招致命的关键所在。

人生就应该如波澜壮阔的大海一样，既要扬起风暴般的海浪，也要跌入深深的谷底，在连绵不断的跌宕中书写自己的激昂人生，一个真正的强者，敢于在风口浪尖起舞，在生活中掀起巨浪，他们拒绝平淡，拒绝平庸，他们引以为豪的就是自己那种动人心魄的魄力，对于强者来说，"无险不足以言勇"，冒险是生命的另一次重生。

盖茨在哈佛既读本科又读研究生课程（这是哈佛学生的特权），但他的真正的兴趣依然在电脑上。他曾同朋友一起认真地讨论过创办自己的软件公司。他认定"电脑很快就会像电视机一样进入千家万户，而这些不计其数的电脑都会需要软件"。

大学二年级的时候，比尔·盖茨终于向父母说了他一直想说的话："我想退学。"

他的父母听了非常吃惊，也非常伤心。他们认为比尔现在的一切都很好，如果放弃令人羡慕的律师专业，而去从事毫无"发展前途"的电脑行业，无疑是一种很大的冒险，因为他是在拿自己的终身事业做赌注。但他们无法说服盖茨改变主意。于是，他们请了一位受人尊敬的商业界领袖去说服盖茨。

盖茨在同这位商业巨头会面的过程中像个布道者一样滔滔不绝地向他讲述自己的梦想、希望和正在着手做的一切。这位商业巨头不知不觉地被感染了，仿佛又回到了自己当年白手起家的创业时代。他忘记了自己的使命，反而鼓励盖茨："你已经看到了一个新纪元的开始，而且正在开创这一个伟大的时刻。好好干吧，小伙子。"

父母无奈，只得同意了盖茨的要求。

从此，盖茨一心一意地投身于自己的电脑软件领域中，他真的在梦想成真的成功之路上，开创了令世界瞩目的业绩。

盖茨为了使自己的计划实现，权衡利弊，勇于放弃读完哈佛大学的机会，而搞自己有兴趣的软件。如果他听取了父母的意见，读完大学再来创业，他现在又如何能誉满全球，成为世界上最声名显赫的"软件大王"比尔·盖茨呢？

事实证明，盖茨的选择是对的，在短短的十几年之内，一个无与伦比的微软帝国出现了，盖茨也一跃成为世界首富，并成为人类历史上第一个财富超过千亿美元的人。他的巨大成功，正源于那次看似冒险、实则英明之极的退学选择。

　　强者之所以成为强者，是因为他们敢做别人不敢做的、敢为别人不敢为的，按部就班的人不容易出错，但也限制了自身的发展，把自己束缚在一个小圈子中，局限了思维，没有突破就没有新的天地，冒险也是一种成功。

勇猛者，才是最终赢家

在激烈的社会竞争中，人与人之间如同置身于人生的大赛场中，那么，孰赢孰败？很多人固然很希望获得成功，但却不愿意把自己放到"不成功便成仁"的风口浪尖上来考验一番。这是常人的惯性，总希望平和地不伤筋动骨地就获得成功。那只能说是痴人说梦，在人生的赛场上，只有勇猛者才是最终的赢家。

俗话说：将在谋而不在勇。但是，有谋无勇也是很难成功的。所以，人生赛场上，需要敢于冒风险的精神。当然，这种冒险必须是以智为主，以勇为辅，智勇相济，而不是赌徒似的，逞一时之勇的冒险。

历史上，有项羽在巨鹿的记载：战场上败多胜少，陈余请求增援，项羽亲自带兵去支援，渡河以后，把船都沉掉、锅碗砸掉、营房烧掉，带上三天干粮，向士卒说明情况，抱着必死的心，不准备回还。于是到达作战地带，与秦兵遭遇，经过九次战斗，堵塞了秦兵的退路，大破敌人，杀死了苏角，俘虏了王离，一概不问投降与否，全部坑杀。接见诸侯时，使得诸侯跪步行走，不敢抬头看他，项羽因此声威震天下！

然而"暴虎冯河，死而无悔"，盲从冒险的勇猛者，就是愚人匹夫也能做到。只有"面对事件不惊慌，选好谋略有成竹在胸"的人，才有确切的把握做勇猛者，才有成功条件上的需要。

东汉名将班超，早年曾率兵出击北匈奴贵族，战功显赫，随即与从事郭恂一起被派遣出使西域。刚到鄯善国（即楼兰国）时，鄯善国王还款待得十分周到，后来却忽然改变了态度。班超感到奇怪，猜想这一定是北匈奴派来了使臣从中作梗，鄯善王不知所从的缘故。于是班超唤来对方侍臣，诈他道："我听说北匈奴使臣已经来了好几天了，他们现在在哪里？"侍臣一听，十分惶恐，交待了一切。

班超一听，果然不出他所料，便私自把随从来的官兵36人全部召到一起喝酒，趁大家酒劲正浓，激发道："现今大家和我一起都身在异国，本是想立大功，以求发达。可匈奴使臣来到这里没有几天，鄯善王就不把我们放在眼里了，说不定哪天他会把我们送给匈奴，那我们的身体骨肉可就要被豺狼吞吃了。大家说该怎么办？"部下们都说："在这危亡之地，生死都由司马您调遣！"

于是，班超提议："不进老虎洞，就得不到老虎崽。眼下也只有趁夜火攻匈奴使臣大营，使他们不知我们究竟有多少人马，然后趁乱消灭他们。这下鄯善王就会吓破胆，我们的事才能成功。"大家提出：这事要不要跟从事郭恂商量一下。班超怕郭恂胆小坏事，一口否定。就这样，班超独自率领36人，一举拿下匈奴军营，鄯善国举国震惊。于是班超和他的部下们一起胜利完成了这次出使任务，与鄯善王和盟而还。

这就是所谓的"不入虎穴，焉得虎子。"这件事告诉我们，做事要有一定的冒险精神。如若只是一味地墨守成规，在事业上，恐怕将很难有所突破。古往今来，成大事者，无一不具有冒险精神。

1746年，一位英国学者在波士顿利用玻璃管和莱顿瓶表演了电学实验。富兰克林怀着极大的兴趣观看了他的表演，并被电学这一刚刚兴起的科学强烈地吸引住了。随后富兰克林开始了电学的研究。富兰克林在家里做了大量试验,研究了两种电荷的性能,说明了电的来源和在物质中存在的现象。在18世纪以前,人们还不能正确地认识雷电到底是什么。当时人们普遍相信雷电是上帝发怒的说法。一些不信上帝的有识之士曾试图解释雷电的起因,但都未获成功,学术界比较流行的是认为雷电是"气体爆炸"的观点。

在一次试验中,富兰克林的妻子丽德不小心碰倒了莱顿瓶,一团电火闪过,丽德被击中倒地,面色惨白,足足在家躺了一个星期才恢复健康。这虽然是试验中的一起意外事件,但思维敏捷的富兰克林却由此而想到了空中的雷电。他经过反复思考,断定雷电也是一种放电现象,它和在实验室产生的电在本质上是一样的。于是,他写了一篇名叫《论天空闪电和我们的电气相同》的论文,并送给了英国皇家学会。但富兰克林的伟大设想竟遭到了许多人的嘲笑,有人甚至嗤笑他是"想把上帝和雷电分家的狂人"。

富兰克林决心用事实来证明一切。1752年6月的一天,阴云密布,电闪雷鸣,一场暴风雨就要来临了。富兰克林和他的儿子威廉一道,带着上面装有一个金属杆的风筝来到一个空旷地带。富兰克林高举起风筝,他的儿子则拉着风筝线飞跑。由于风大,风筝很快就被放上高空。刹那,雷电交加,大雨倾盆。富兰克林和他的儿子一道拉着风筝线,父子俩焦急地期待着,此时,刚好一道闪电从风筝上掠过,富兰克林用手靠近风筝上的铁丝,立即掠过一种恐怖的麻木感。他抑制不住内心的激动,大声呼喊:"威廉,我被电击了!"随后,他又将风筝线上的电引入莱顿瓶中。

回到家里以后,富兰克林用雷电进行了各种电学实验,证明了天上的雷电与人工摩擦产生的电具有完全相同的性质。富兰克林关于天上和人间的电是同一种东西的假说，在他自己的这次实验中得到了光辉的证实。

如此可见，作为一位干大事业、建大功的人，不敢冒险，就不可能有较大的收益。

人生赛场上的勇猛，是一种比冒险犯难更进一步的摊牌行为，也可以说是一种大赌注。遇到关键时刻，必要的时候，不仅要以所有的权力做孤注的一掷，还要拿出自己的生命做孤注的一掷。这样的勇猛是一种豪情，一种生命的朝气，能成不了赢家吗？

敢于挑战，做生命的主人

世界上有许许多多的人不敢挑战，只求稳妥，这里所谓的挑战，就是指要克服只求稳妥的弱点，就是要敢作敢为，敢冒风险，敢对自己负责！人们在此要考虑的是：在我们这一生中，有某些时候我们必须敢于挑战，但这只是在仔细考虑这次行动成功的可能之后，才把胆子放大而采取的行动。

在面对是否采取挑战行动的问题上，特别是这种行动涉及到冒险时，我们会发现自己犹豫不决，错失良机。在这种情况中，不要去尝试，但只要敢对自己负责，同时又能巧妙地应对突然的问题，特别是用智慧挑战对方，更为值得称道。生命之权操之在己，不管别人有多少意见，作决定的终究是自己，既然生活是自己的，品质就该由自己负责到底。

人生旅途中最重要的事，就是要积极生活，做生命的主人。许多能做大事的人，在他们心目中也并没有许多明确的目标，相反却是变动得非常快，有时甚至连目标是什么都不知道。他们只是不断地去尝试新的事物，大胆接受新的信息，直到对自己所做的选择有所把握为止。

对台湾的企业家廖镇汉来说，打造微风广场，不但塑造了台湾百货业新风貌，也是人生的重要历练。当年面对隔壁百货业龙头老大SOGO的威胁，廖镇汉不甘示弱，他心里只有一句话："不拼，怎么知道不行？"他跌破大家眼镜，第一年就让商场获利，营业额超过60亿元，廖镇汉用微风的营运成绩，证明自己不再是商场的初生牛犊。

廖镇汉脑筋动得快，虽是市场新兵，但很会参考别人的经验，因此生出不少新点子。重点是，他敢放手大胆去做。他常说："不试怎么知道？只要有1%的机会，我就去做。不做，永远都不会有，做了至少还有成功的机会。就像十多年前，在众人都不看好的情况下，我咬紧牙关，不服输地从无到有打造了微风广场。"

有成功潜质的人，永远在不断地改善自己的行为、态度和自己的人格，他们总是希望更有活力，总是希望产生更大的行动力。相比之下，很多人饱食终日，无所用心，不做运动，不学习，不成长，每天都在抱怨一些负面的事情，日子就这么一天天混过去了。

不前进，就意味着后退，只有积极行动，才能使我们在激烈的竞争中获得一个更为有利的位置。网易的丁磊说："人生是个积累的过程，你总会摔倒，但即使跌倒了，你也要懂得抓一把沙子在手里。"

衡量一个人成功与否，与金钱无关，与年龄无关，关键在于你是否能够抱有理想，你是否勇于挑战。

在日本有一个流传很广的故事。古时候，日本渔民出海捕鳗鱼，因为船小，回到岸边时，鳗鱼几乎死光了。但是，有一个渔民，他的船和船上的各种捕鱼装备，以及盛鱼的船舱，和别人都完全一样。可他的鱼每次回来都是活蹦乱跳的。他的鱼因此卖的价钱高过别人的一倍。没过几年，这个渔民就成了远近闻名的大富翁。直到身染重病不能出海捕鱼了，渔民才把这个秘密告诉了他的儿子。在盛鳗鱼的船舱里，放进一些鲶鱼。鳗鱼和鲶鱼生性好咬好斗，为了对付鲶鱼的攻击，鳗鱼也被迫竭力反击。在战斗的状态中，鳗鱼求生的本能被充分调动起来，所以就活了下来。

渔民还告诉他的儿子，鳗鱼死的原因是它们知道被捕住了，等待他们的只有死路一条，生的希望破灭了，所以在船舱里过不了多久就死掉了。

渔民最后忠告他的儿子，要勇于挑战，生命才会充满生机和希望……

俗话说："金无足赤，人无完人。"一个人在人生的旅途中要成长进步，就要不断地挑战自我、超越自我、完善自我。人生的旅途上处处布满了荆棘，要鼓起勇气，大步向前走去。请相信路是人走出来的！

人生的路要自己走，谁也代替不了谁。就像这"路"字，一半是"足"，意思是要脚踏实地；一半是"各"，代表着每个人的走向，有所往、有所返、有所聚、有所离，全都在这路上。当一个人在事业上取得成绩，面对鲜花和掌声，很容易产生沾沾自喜之心，从而丧失了进取之心。当一个人面对失败和困难时，常常会遇挫停步不前，哀声叹气，从而被失败和困难所击垮。

人生要敢于挑战，曾经有一位哲人说："在人生的旅途中，最大的对手不是别人而是自己。"古今中外在困难中不灰心，敢于挑战自己而最终取得成就的事例不胜枚举：左丘失明厥国语、贝多芬耳聋之后成了著名的作曲家……他们并没有被身体的缺陷和心里的自卑所击倒，而是拿出勇气去面对，去不断挑战，从而才一步一步向自己的目标前进，正是他们敢于去挑战，而不是止步不前，才铸就了他们的传世之作。

万事开头难，义无反顾地面对挑战，迈出决定性的第一步，紧接着就会迈出第二步、第三步……一个自信、勇于开拓进取的人，一个挑战自我的人，四周总是充满阳光。世界上没有平坦的路可走，只有在崎岖不平的路上不断攀登，才能到达胜利的顶峰。朝着前方走去，永不回头，前方的一切对你我来说将是不堪一击的。

也许会有人以为，创造价值神话的时代已经过去，先行者已经占据了有利的地形，留给无名小辈的机会已越来越少。其实能否自我突破，更注重的是一种心理体验，在日常工作生活中，随时都会有新的障碍考验你的冲劲儿。

阿平是某名牌大学的毕业生，参加工作后，很想干出一些令人刮目相看的成绩来，以体现名牌大学毕业生的真正价值。但是，接触到实际工作后，他总觉得自己有所欠缺，对完成任何事都没把握，或者专业知识不够完善。因此，他从不敢大胆承担棘手的任务，生怕做不成，有失身份。

久而久之，上司对他失去了信心，将他当成一个打杂的人，只交给他一些简单的工作。阿平也对自己失去了信心，怀疑自己只适合当学生，不适合在社会上混。

正当阿平为何去何从的问题犹豫不决时，调来了一位新上司。新上司对阿平说："不要找那些不能完成的理由。如果什么事都等到十拿九稳才去干，那就什么事也干不成。行动吧，行动产生奇迹。"对阿平来说，这是一个良好的开端。一年后，他成了这家公司最优秀的职员。

生活中当你遇见让你害怕的事时，只要勇敢去试一试，去挑战一下自己，你会发现，它并没有你想象的那么可怕。

挑战是思想解放的宣言书，挑战是铁骑前进的冲锋号，挑战是刺破苍穹的火箭弹。其实，所有的事，不管好与坏都需要我们有挑战的精神。只要我们敢于挑战，并以顽强的毅力挑战到底，那么任何事都阻止不了我们的前进与成长，而最终的胜利就必定会属于我们！

所以，从现在起，我们就应该锻炼自己，因为人生就是要敢于挑战，一切才会充满希望！

第七章
想成功，就再坚持一分钟

在这世上，没有任何一件事情不用付出就可以收获的。一个人，想让自己的人生有所成就，那么就必须要懂得坚持。只有学会坚持，才会不惧风雨、磨难，坚定地一路走下去，而只有一路走下去，才会获得属于自己的成功。

认准自己的路，坚定不移走下去

我们身边有很多人总是希望我们按照他们的方式去生活，根据他们的想法来设计自己的生活。事实上，每个人都有自己的想法，都有自己的工作和所取得的成绩，这都是别人控制不了的，于是冲突也就产生了。当然，这种冲突的主要表现方式就是干扰，甚至是无端的谩骂、攻击。

遇到这种情况，该怎么做呢？很多人选择了"投降"，因为他们会不好意思，所以不愿违背别人的意愿，于是就只能按照别人的想法去生活。有些人却不同，他们选择了坚持，理由就是"走自己的路，让别人说去吧"。很显然，后者的做法是正确的。我们要想获得属于自己的幸福，就必须排除干扰，认准自己的路，坚定不移地走下去，直到胜利的彼岸。

1929年，美国发生一件震动全国教育界的大事，美国各地的学者都赶到芝加哥去看热闹。在几年之前，有个名叫罗勃·郝金斯的年轻人，经过半工半读，从耶鲁大学毕业。他当过作家、伐木工人、家庭教师和卖成衣的售货员。现在，只经过八年，他就被任命为"美国第四有钱"的大学——芝加哥大学的校长。他有多大年纪？30岁！真叫人难以置信。老一辈的教育人士都摇着头，认为这个"神童"根本就不能承担如此重任。

一时间，人们的批评就像山崩的落石一样一齐砸在这位"神童"的头

第七章
想成功，就再坚持一分钟

上，说他太年轻了，经验不够；说他的教育观念很不成熟……甚至各大报纸也参加了攻击。

在罗勃·郝金斯就任的那一天，有一个朋友对他的父亲说："今天早上我看见报上的社论攻击你的儿子，真把我吓坏了。"

"不错，"郝金斯的父亲回答说，"那些话说得很凶。可是请记住，从来没有人会踢一只死了的狗。"

是的，没有人会去踢一只死狗。别人对你的批评往往从反面证明了你的重要，你的成就引起了别人的关注。所以，在你被别人批评、品头论足、无端诽谤时，你无须自卑，做好自己就可以了。就像意大利著名诗人但丁曾说的那样："走自己的路，让别人去说吧。"要知道，我们的人生是由我们自己主宰的。行走在自己选择的人生路上，这其中别有一番独特的滋味。路漫漫其修远兮，在人生的未来之路上，我们要不断地求索路途中一切真善美的事物。

让我们勇敢地走自己的路，守住心灵的契约。哲学家康德曾说过："世界上有两样东西值得我们永远仰望，一是我们头顶上灿烂的星空，二是人们心中那高尚的道德律。"当方舟子无畏打假之路，毅然前行；当那位官二代傲慢喊出"我爸是李刚"时，这一正一反的强烈对比，让我们不知是为之骄傲还是为之悲愤。要知道，道德在我们心中是永存的，它可以弥补智慧的缺陷，可以弥补才能的缺陷，但任何事物都无法弥补道德的缺陷。我们要带着这份契约，一直向前。

巴尔扎克的父母要求他做一名律师，而巴尔扎克也已拿到了法学院的学士学位，并且在一家法律事务所谋到了一个职位。但20岁的他却向父母提出，要当一名作家，当一个名扬天下的作家。

他的想法遭到父母的强烈反对，认为他居然要放弃一个收入有保证的职业，放弃自己的光明前程，把一生耗在一个靠不住的手艺上，何况在此之前，儿子没写过一首让人感动的诗和一篇像样的文章，连翻译课的成绩也只是第32名，而全班只有35名同学。经过很长时间的争执，父母才与儿子达成协议：每月提供120法郎生活费，限期两年，如两年中他创作不出足以使他成为伟大作家的作品来，他必须重新坐到律师事务所的位置上去，没有任何讨价还价的余地。

当巴尔扎克写出第一部诗剧《克伦威尔》，在家中向亲友朗诵之后，一名颇有名气的诗人毫不隐讳地写信给巴尔扎克的老爹说："令郎可以尝试各种职业，就是不要搞文学。"这对巴尔扎克来说简直是一个可怕的判决。

但巴尔扎克的主见和信心并未因此而动摇，在父母断绝生活援助之后，仍克服重重困难，坚持走自己的路。巴尔扎克如果听从父母和那位诗人之见，放弃自己的追求，他的家乡可能会多了一名好律师，但是法国却少了一位天才作家，世界文学宝库中将不会有《人间喜剧》这部伟大的作品。

巴尔扎克的坚持让自己获得了成功，但是现实中很多人都不是"巴尔扎克"，他们对自己的想法并没有选择坚持，他们怕失败，怕难堪，所以总是不好意思，畏畏缩缩，结果跟成功失之交臂。虽然很多人都知道，别人说的并不一定正确，但是众口铄金，说的人多了，我们就很可能改变自己的做法，向别人"缴械投降"。

为什么会这样？原因很简单：如果别人反驳得多了，我们内心的自卑情绪就会滋长，自信就会被消磨掉，甚至还会自我暗示：我是一个不完美、被别人鄙视的人。此时，自卑就会像一个影子随时跟着你、影响你，让你无法判断，无法选择自己想要走的路。当然，如果你能将别人的不公正的批评置之脑后，继续走自己的路，那么所有的页面情绪就会不攻自破。

回击那些谩骂你的人最好的办法是什么？不是视而不见，也不是一味地娱化，而是尽力地做好自己的事情，用事实来证明自己的做法是正确的，到时候那些流言飞语自然也就不攻自破了。在这个方面，林肯做得就非常到位，他曾经说过，"我尽我所知的最好办法去做——也尽我所能去做，我打算一直这样把事情做完。如果结果证明我是对的，那么即使有的人花十倍的力气来说我是错的也没有什么用。"

　　人生是我们自己的，他人只不过是看客，而无权干涉，所以我们不必太在乎别人挑剔的话语与异样的眼光，不必觉得不好意思，坚持自己的想法，如果是对的，我们方可成就自己；如果是错的，就坦然一笑，当成人生的历练！所以，我们若想真的有所成就，那么就一定要相信自己，选择坚持。

坚持一下，成功就在下一秒

中国有句俗话："虱多不痒，债多不愁。"意思是困难多了反倒安心了。同样的道理，一个人到了绝境，他往往会绝处逢生，做出大的事业。所以说，当你遇到困境的折磨时，面对困难，一定不要放弃，因为成功就在下一秒等着你呢！

成功是没有捷径的，只要你坚信在所有的难题中都孕育着属于自己的机遇，你就会去努力，就会去打拼。只要你不放弃生活，不逃避生活，世界上就处处都有希望，否则的话你的世界里面只有黑暗而没有光明。

古时候，有两个人去挖井。第一个人非常聪明，他在选址的时候，挑了一个比较容易挖出水来的地方；相比之下，第二个人就比较愚笨，不知道根据地质来判定，随便选了一个地方，而这个地方是很难挖出水来的。

第一个人看到第二个人所选的地方，心里暗自嘲笑，便冒出一个想法，想占第二个人的便宜，于是虚情假意地说："我们来打个赌吧。比比看，谁先挖出水来谁就是赢家。输家要请赢家到附近最好的酒馆去喝酒。怎么样，敢不敢试一试？"

第二个人想了想，觉得打个赌挖起来更有动力，于是就答应了。

第一个人自以为必胜无疑，于是边干边玩，挖一天的井，要休息两天。第二个人则很沉着，他一锹接一锹地挖，一天也不停歇。

第一个人看到第二个人挖到那么深还没出水，就嘲笑他说："我看你还是别费力气了。你永远也挖不出水来的。"

第二个人没有理他，继续挖自己的井。

这时，第一个人开始对自己选的地方产生了怀疑："怎么挖了这么久，还没有水呢？我看还是再选个更浅的地方吧！"于是他重新选了一个更容易挖出水来的地方，并洋洋得意地说："这下保准能挖出水来。"可是没挖几天，他又开始怀疑了，怎么还不见水？是不是选错了地址？于是，他又换了一个地方挖。就这样，换来换去的，始终没有挖出水来，每次都是挖到距离水只有一尺的地方就放弃了。

再看第二个人，他挖的深度比第一个人所有的深度加起来还要深。最终，功夫不负有心人，他挖出水来了。

冰冻三尺，非一日之寒，挖井也是同样的道理。第一个人的确很聪明，每次选的地方都比上一次更容易挖出水来，而关键就是他没有坚持，如果他再努力地挖几下，就能挖出水来。

成功源于坚持。胜利的获得者，往往是能比别人多坚持一分钟的人。卡耐基在被问及成功秘诀的时候说道："假使成功只有一个秘诀的话，那应该是坚持。"往往，再多一点努力和坚持便收获到意想不到的成功。以前做出的种种努力，付出的艰辛便不会白费。令人感到遗憾和悲哀的是，面对一而再、再而三的失败，多数人选择了放弃，没有再给自己一次机会。只要坚持到底，就一定会成功，人生唯一的失败，就是当你选择放弃的时候。因此，当你处于困境的时候，你应该继续坚持下去，只要你所做的是对的，总有一天成功的大门将为你而开。

生活就是这样，谁能坚强地走过人生的每一步而不退缩、不逃避，那么他注定是一个成功的人。谁逃避了生活中的事情，他就永远地只能向生活低头，就是个永远的失败者。在生活中，不管是谁都必须做到不逃避，因为你要相信难题中或许正给你孕育着机遇，所以你要坚强地向着自己的未来、自己的明天走下去，你不能做生活的逃兵。

波伊提乌是公元6世纪古罗马最重要的哲学家之一，他的著作无论是在当时还是现在，对人们的思想都有着重大影响，也是西方哲学的奠基石。不过，波伊提乌并不是轻而易举就取得了这样的成绩，他的名著《哲学的慰藉》中就向大家展示了一段他"因祸得福"的经历。

波伊提乌曾是一位杰出的政治家、演说家，住在东哥特王朝和罗马皇帝忒奥地利克的宫殿里。在当时，他享有很高的声誉和社会地位，与另一位名人沃伦·贝蒂相比，波伊提乌是有过之而无不及。此外，他的家庭生活也很美满，儿子同样是个才华横溢的人。波伊提乌的生活看上去非常完美，因此大家都很羡慕他。越来越多的人开始嫉妒波伊提乌，并在国王面前诽谤他。有的人甚至暗示国王说波伊提乌是叛变分子。最后，国王听信了大家的谗言，并把莫须有的叛国罪安到波伊提乌身上。一夜之间，他就由哲学家沦为了阶下囚。于是，他开始整理自己的思绪，寻找解决人类问题的根源。通过努力，波伊提乌发现了著名的"命运转盘"。在"命运转盘"中，只有"轴心"是亘古不变的。这个"轴心"是指最基本的、不会随着命运变化而改变的真理，也被称作自然法则。波伊提乌还提出，只要人掌握了这些真理以及主导这些真理的智慧，那么当你身处逆境时，就不会轻易向命运妥协，而是保持积极清醒的头脑和积极向上的生活态度寻找人生最宝贵的东西。

没有牢狱之灾，波伊提乌可能取得如此伟大的成就吗？牢狱这场"祸"恰恰就是诞生其哲学思想的"福"。

光明的道路，光明的人生，相信这是每个人都梦想的生活。但是如果你是一遇到问题就逃避的人，又怎能拥有光明的人生呢？那么你就注定是一个失败的人。要成功并不难，但是成功的方法却很重要，只要你不去逃避生活，那么难题中就会孕育着属于你的机遇。

霍华德·卡特，第一位发掘图坦·卡蒙法老墓的人。正是因为他的坚持，才有了今天开罗博物馆珍藏的墓中的那些贵重文物。那是1922年的冬天，卡特几乎放弃了可以找到法老坟墓的希望，他的赞助者也即将取消资助。卡特在自传中写道："这将是我们呆在山谷中的最后一季,我们已经挖掘了整整六季了,春去秋来毫无所获。我们一鼓作气工作了好几个月却什么也没有发现,只有挖掘者才能体会这种彻底的绝望;我们几乎已经认定自己被打败了,正准备离开山谷到别的地方碰碰运气。然而,要不是我那最后的一锤,我们永远也不会发现,这些超出我们梦想所及的宝藏。"

卡特最后一锤的努力成为了全世界的头条新闻,这一锤使他发现了近代唯一一个完整出土的法老坟墓。由此我们可以看出,做大事,不可轻言放弃,要懂得坚持,坚持就是胜利,坚持就会成功!

祸并不一定都是绝对的祸,如果它不幸成了祸,那么只是你一厢情愿的想法促成了灾祸的发生。当我们面对挫折的时候,一定要先当塞翁,保持良好的心态,然后再学波伊提乌,思考"转祸为福"的方法,若能做到这样,还有什么事情值得你苦恼呢?

坚持是一种强大有力的品格,是一种矢志不渝的信念。一个成功的人,无论是致力于获取财富,还是在某一领域成为顶尖高手,和那些没有成功的人比起来,最根本的差别就在于成功的人具有坚持到底的意志和心力,无论有多大的障碍和挫折来阻挠,他们都不会轻言放弃,因为他们相信,成功就在下一秒。

坚持，坚持，再坚持

如果非要评判成功有什么秘诀的话，"坚持不懈的恒心"就是必不可少的一大要素。世界上许多名人的成功，都来自千辛万苦、持之以恒的努力，只有这样，你才会渐渐接近辉煌。而稍有困难便更改航向的人，只能是离成功越来越远。

在我们的生活中，每个人90%的时间都有可能是在混日子。大多数人的生活是在做一些无关紧要的事，重复着没有意义的生活琐事，却很少能够完成自己想要完成的目标，直到自己老了的那一天才会发现自己一点有意义的事都没做，才会感到后悔。

从龟兔赛跑的寓言中我们知道，竞赛的胜利者之所以是行动缓慢的乌龟而不是灵巧机敏的兔子，是因为乌龟有坚持不懈的精神，它知道自己的实力不如兔子，就不敢有丝毫的懈怠，而那只自以为跑得快的兔子，认为自己有先天的优势，所以，放松了警惕，结果却是败得一塌糊涂。这就是说，在我们生活的世界里，任何梦想的实现都是要有一定的恒心才能够达成。

英国著名作家杰克·伦敦的成功就是建立在坚持之上的。就像他笔下的人物马丁·伊登一样，坚持、坚持、再坚持，他抓住自己的一切时

第七章
想成功，就再坚持一分钟

间，坚持把好的字句抄在纸片上，有的插在镜子缝里，有的别在晒衣绳上，有的放在衣袋里，以便随时记诵。就在这样不断地积累下他成功了，他的作品被翻译成多国文字，他的作品被放在书店中显眼的位置，赫然在目。当然，他所付出的代价也比其他人多好几倍，甚至几十倍。

所以，有时候我们的成功与否不取决于自己的聪明，而在于坚持，在于恒心，在于积累。人在奋斗的过程中吃尽了苦头，而最后的笑声才是最甜的，最后的成功才是具有决定意义的成功，起初的成就和痛苦只不过都是为后来而设的奠基石。

1864年9月3日这天，寂静的斯德哥尔摩市郊，突然爆发出一阵震耳欲聋的巨响，滚滚的浓烟霎时间冲上天空，一股股火花直往上窜。仅仅几分钟时间，一场惨祸发生了。当惊恐的人们赶到出事现场时，只见原来屹立在这里的一座工厂已荡然无存，无情的大火吞没了一切。火场旁边，站着一位三十多岁的年轻人，突如其来的惨祸和过分的刺激，已使他面无人色，浑身不住地颤抖着……这个大难不死的青年，就是后来闻名于世的阿尔弗莱德·诺贝尔。

诺贝尔眼睁睁地看着自己所创建的硝化甘油炸药的实验工厂化为灰烬。人们从瓦砾中找出了五具尸体，其中一个是他正在读大学的小弟弟，另外四人也是和他朝夕相处的亲密助手。五具烧得焦烂的尸体，令人惨不忍睹。诺贝尔的母亲得知小儿子惨死的噩耗，悲痛欲绝。年老的父亲因太受刺激引起脑溢血，从此半身瘫痪。然而，诺贝尔在失败和巨大的痛苦面前却没有动摇。

惨案发生后，警察当局立即封锁了出事现场，并严禁诺贝尔恢复自己的工厂。人们像躲避瘟神一样避开他，再也没有人愿意出租土地让他进行如此危险的实验。困境并没有使诺贝尔退缩，几天以后，人们发现，在远离市区的马拉仑湖，出现了一只巨大的平底驳船，驳船上并没有装什么货物，而是摆满了各种设备，一个青年人正全神贯注地进行一项神秘的实验。他就是在大爆炸中死里逃生、被当地居民赶走了的诺贝尔。大无畏的勇气往往令死神也望而却步。

在令人心惊胆战的实验中，诺贝尔没有连同他的驳船一起葬身鱼腹，而是碰上了意外的机遇——他发明了雷管。雷管的发明是爆炸学上的一项重大突破，随着当时许多欧洲国家工业化进程的加快，开矿山、修铁路、凿隧道、挖运河都需要炸药。于是，人们又开始亲近诺贝尔了。他把实验室从船上搬迁到斯德哥尔摩附近的温尔维特，正式建立了第一座硝化甘油工厂。接着，他又在德国的汉堡等地建立了炸药公司。一时间，诺贝尔生产的炸药成了抢手货，源源不断的订单从世界各地纷至沓来，诺贝尔的财富与日俱增。

然而，获得成功的诺贝尔并没有摆脱灾难。不幸的消息接连不断地传来：在旧金山，运载炸药的火车因震荡发生爆炸，火车被炸得七零八落；德国一家著名工厂因搬运硝化甘油时发生碰撞而爆炸，整个工厂和附近的民房变成了一片废墟；在巴拿马，一艘满载着硝化甘油的轮船，在大西洋的航行途中，因颠簸引起爆炸，整个轮船全部葬身大海……

一连串骇人听闻的消息，再次使人们对诺贝尔"望而生畏"，甚至把他当成瘟神和灾星，如果说前次灾难还是小范围内的话，那么，这一次他所遭受的已经是世界性的诅咒和驱逐了。诺贝尔又一次被人们抛弃了，不，应该说是全世界的人都把自己应该承担的那份灾难给了他一个人。

面对接踵而至的灾难和困境，诺贝尔没有一蹶不振，他身上所具有的毅力和恒心，使他对已选定的目标义无反顾，永不退缩。在奋斗的路上，他已习惯了与死神朝夕相伴。

炸药的威力曾是那样不可一世，然而，大无畏的勇气和矢志不渝的恒心最终激发了他心中的潜能，最终征服了炸药，吓退了死神。诺贝尔赢得了巨大的成功，他一生共获专利发明权355项。他用自己的巨额财富创立的诺贝尔科学奖，被国际科学界视为一种崇高的荣誉。

第七章
想成功，就再坚持一分钟

由此可见，成功更多依赖的是人的恒心与坚持，而不仅仅是他的天赋或朋友的支持，以及各种有利条件的配合。最终，天才的力量总比不上勤奋工作、含辛茹苦的力量。才华固然是我们所渴望的，但恒心与坚持更让我们感动。

许多失败，其实只要再多坚持一分钟，或再多付出一点努力，便可以转化为成功。其实，生活中的许多事说难也不难，关键就是看你有没有恒心，能不能坚持下去。有的人就是缺少这种持之以恒的决心，明明知道应该做什么，应该怎么做，却没有坚持下去。

陆浩毕业后到了一家公司，老总想让他做销售经理。当陆浩听到这个消息时，他找到老总对他说，自己没有经验，恐怕难以胜任。老总却笑着说："没关系，我可以教你如何在最短的时间内胜任这个职位。"

老总说完之后，陆浩又不理解地问老总为什么会让自己来做这个位子？这时老总对他说，做任何事都需要一种长期坚持的精神，每天进步一点点就可以获得意想不到的收获，而他在选择这个位子上的合适人选时，他看到的就是陆浩的这种坚持不懈的精神。

原来，公司招聘时，老总在一个偶然的机会看到陆浩的简历上写着自己最大的优点就是对自己的目标有一种执著的精神。这个优点正好是老总看中的，所以，老总就让下属调查陆浩的背景和日常的生活习惯。

当老总得知陆浩不是一个很富有的人，但是，能够坚持每个月都往自己的银行账户里存100元钱作为日后的创业基金时，老总觉得自己要选的就是这样的一个人。于是，他把陆浩招到了自己的公司。在一段时间内老总还发现陆浩每天都要在下班之后去锻炼身体，而且风雨不误，这就更增加了老总对他的好感。所以，老总决定给这个年轻人一个锻炼的机会。

事实上，老总在做出这个决定的时候遭到了很多人的反对，但在老总看来，没有经验可以学，但不能坚持到底的人绝对不会在公司最需要的时候和公司站在一起。

当然，老总的这一决定证明了他的慧眼识人。销售部在陆浩的带领下工作做得很有起色，到年终时，公司的销售额竟然超出了上一年的30%，这让公司里的所有同事和领导赞叹不已。

恒心是每个成功人士都必须具备的一种品质。在人的一生中，难免会遇到各种各样的困难，但只要我们拥有"铁杵磨成针"的恒心，就一定能拨开乌云见月明。记住：意志力坚强的人懂得培养自己的恒心，并将它变成一种习惯，无论遭受多少挫折，仍坚持朝成功的顶端迈进，直至抵达为止！

坚定自己的方向，莫管他人眼光

人生在世，每个人都有自己的个性、特点，你不可能喜欢每一个人，同样，你也不能让每一个人喜欢你。重要的是，你要坚持自己的原则，守护自己的梦想！

就像挖水井，你首先必须找到你认为有水源的地方，然后坚持往下挖。如果水源离地面50米，你每次只挖到40米就放弃，而去找另一个地方再挖，那么，你不管付出多少汗水，都将会白费力气，最多是自欺欺人地告诉自己："我又多了一次失败的经验。"

在一个炎热的日子里，父亲带着儿子和一头驴走过满是灰尘的街。父亲骑着驴，儿子牵着它走。一位路人看见了，说道："可怜的孩子，这位父亲怎么能心安理得地骑在驴背上？"

父亲听到后，赶紧从驴背上下来让他儿子骑上去。但没走多远，另一位路人的声音又在耳边响起："多么不孝啊！这小家伙像国王一样骑在上面，而他可怜的老父亲却在一边跟着跑。"儿子听到后，就赶紧让父亲也骑在驴背上，坐在了他的后面。

"你们谁见过这样的事，"一位戴着面纱的女人说道，"这么残酷地对待动物。这可怜驴子的背正在下陷。父亲和儿子却悠闲自在地闲逛，多么可怜的动物啊！"

毫无疑问，被批评的对象只好从驴背上下来。但是，当他们徒步走了几步后，一个陌生人对他们开玩笑地说："谢天谢地，我才不会那么蠢。为什么你们俩赶着驴走，它却不能为你们效劳？为什么不让你们当中的一个骑着走？"父亲抓了把草塞进驴的嘴里，把手放在儿子的肩上说道："不管我们怎么做，总有人不称心，我想我们自己应该知道什么才是对的。"

世上许多人，因恐惧失败而灰心丧志，结果无法实现理想，成为不可救药的失败者。事实上，这些失败者，与其说恐惧失败本身，不如说"恐惧因失败遭受世人的批评"。多数人因太过恐惧世人的批评，而受亲朋好友、传播媒体等的影响，无法过自己想要的人生，一辈子都在扮演"别人希望的角色"。

照他人期望的模式生活，牺牲真正的自我，是天底下最愚蠢的事。你要记住：最后为你的一生"付账"的只能是你自己，何必太在意他人的看法，让他人来左右你的人生？所以，我们应该认清自己的价值，并且告诉自己：无论身处什么环境，都不能让自己贬值，要学会坦然面对逆境，这样才能冲破它，成就自己。要知道，人不可能是完美的，即使我们做得再好，也无法达到每个人的要求。人生充满艰难险阻，能在困顿中学会坚持、忍耐，便能迈向成功。

马俊仁，被誉为中国田径界的"奇人""一代名师"。20世纪80年代末90年代初，马俊仁培养出了王军霞、曲云霞等优秀中长跑运动员，在国际国内大赛上多次打破世界纪录。在1996年亚特兰大奥运会上，王军霞获一金一银。国际田径联合会高度评价了马俊仁的成就，把他的"马氏训练法"列入国际权威训练理论。如今马俊仁功成名就，然而他的成功却经历了一次又一次大的挫折。

1983年3月，马俊仁带着仅训练了四个月的弟子王莉、刘艳菊参加在上海嘉定举行的第五届全国运动会马拉松比赛。比赛开始时，体能占绝对优势的王莉一路领先，至30公里时就把其他队员远远地抛在后面。但就在这时，在观众席上的马俊仁突然发现王莉的白跑鞋上渗出了红色，他的头

第七章
想成功，就再坚持一分钟

"嗡"的一声，王莉的脚磨破了！王莉忍着钻心的疼痛，一瘸一拐地向前迈进。当她以第九名的成绩跑到终点的时候，晕了过去。辽宁队本来可以到手的一块金牌就这样眼睁睁地丢了，士气因此受到极大的影响。

原来，赛前时间紧张，马俊仁不得不采取高强度的训练，然而这需要完备的调养手段。因为缺乏这样的条件，王莉出现了胫骨前肌炎，但她仍然坚持训练。马俊仁对此缺乏准备，对王莉采用热疗的方法，这样的结果是炎症消失，疼痛也没了，但是脚底的硬茧却也给热水泡软了。

这对马俊仁无疑是当头一棒，他陷入深深的痛苦之中，别人的冷嘲热讽是次要的，他开始怀疑自己的训练理论。比赛结束后，他暂时放弃了中长跑事业，回到了自己的家乡，又当起了中学教师。他想利用短暂的休息调整一下心态和状态，然后再做打算。

马俊仁曾这样回忆当时那段痛苦历程："当时风言风语很多……说我不是什么本科的，也不是专业出身，训练不科学。我确实感到自己的能力和水平不够，怎么办呢？'三人行，必有我师'，我则认为二人行，也必有我师。和我一起训练的人，他们身上都有优点，我要想法把他们的优点学到手。我把一个人的经验学到手就是一份力量，我把100人的经验学到手，就有100份力量，这样就提高了我的能力。"

经过五年的积蓄，1988年复出的时候，他已经形成了一套完整的、独创的训练方案，厚积而薄发，马家军很快声威大震，在国内国际大赛上摘金夺银。

1994年，在斯图加特世锦赛和北京七运会后，马家军内部矛盾激化，终至师徒反目，一夜之间，他呕心沥血培养的队员人去楼空；他又出了车祸；还未能养好伤，他的老父亲又离开人世；他旧病复发，被人抬进了手术室……对马俊仁而言，可谓命运多舛！然而，他没有被挫折打倒，又重新组建"马家军"。

"马家军"在沉寂了一段时间后又在赛场上创造出新的奇迹，比如在2000年2月20日举行的北京国际公路赛上，由马俊仁担任主教练的中国女子中长跑队和以马俊仁新生代弟子领衔的大连经济开发区队双双捧得该项赛事女子组冠军和友好组冠军，随后在全国室内田径锦标赛暨中日对抗赛上，又获得女子1500米和3000米冠军，并有多名队员打破女子3000米亚洲纪录，再次成为媒体和公众关注的焦点。

试想，如果马俊仁在1983年嘉定兵败之后一蹶不振，失去对自己训练方法的信心，那么肯定没有日后在国际、国内赛场上摘金夺银的辉煌业绩。

人的内心有着无限的力量，这个力量是：当一个人发挥出他的个性时，他的人生就会有惊人的光辉。我们的能力就像深深埋在地下的矿藏，若能把它发掘出来，发展下去，人生就会有惊人的发展，不可能的事也会陆陆续续地变成可能。但这要看看这个人是否选择自己应该走的路。

岁月匆匆如白驹过隙，要想过得充实，就要活出自己的特色，坚定自己的方向，不要过于在意他人的眼光，从而迷失了自己。当面临他人的流言蜚语时，你要做的只是抬起头，骄傲地走过去，用你的成功封住他们的嘴巴！

凡事都要学会持之以恒

法国大思想家布封曾经说过:"天才就是长期的坚持不懈。"我国著名的数学家华罗庚也曾说:"做学问,做研究工作,必须持之以恒。"

干任何事,若想要取得成功,坚持不懈的努力和持之以恒的精神都是必不可少的。即使是世界上最简单最容易做的事情,如果没有坚韧的恒心和毅力,就无法坚持到底。凡事贵在持之以恒,只有坚持到最后的人才能走向成功。

网络上一则重金征求纯白金盏花的启示,在当时引起很大轰动,高额的奖金让许多人趋之若鹜。金盏花除了金色的就是棕色的,根本没有其他颜色,能培植出白色的金盏花,实在不是一件易事。有许多人刚听到这个消息时热血沸腾,但逐渐就失去了信心,只有一位爱花的老人还在坚持培育。

养花老人看到那则启示后,不顾子女们的一致反对,撒下了一些普通的种子,精心培植。一年之后,金盏花开了,她从那些金色的、棕色的花中挑选了一朵颜色最浅淡的,任其自然枯萎,以取得最好的种子。次年,她又把取得的种子种下去,然后,再从这些花中挑选出颜色更淡的花的种子栽种……日复一日,年复一年。

终天在20年后,老人培育出了一株白色的金盏花。当她将一粒纯白色的金盏花种子和一封应征信寄到那家园艺公司的时候，所有人都惊呆了，这件事也一时间在社会上引起轩然大波。一个连专家都解决不了的问题，在一个不懂遗传学的老人的长期努力下，最终迎刃而解，她的成功与她的坚持是分不开的。

自古以来，成功的人在奔向成功的道路上，总是会遇到许多意想不到的挫折，会面临着许多挑战。他们是怎么做的呢？当然是勤奋和持之以恒努力的结果。没有人生下来就是天才，天才缘于勤奋。成功学家们考察了那些自身具有杰出的个人品质并最终取得巨大成功的人，得出了以下的结论：做一件事坚持不懈地做下去，是所有成功者共同拥有的积极心态。

"不积跬步无以至千里，不积小流无以成江海。"相信大家都听说过这句话吧：坚持到底就是胜利。任何一种成绩的取得、事业的成功，都源于人们坚持不懈的努力和那种执著的探索追求，只有这样才有可能与成功接轨。世间最难的事是坚持，说起来容易，做起来难，但只要你们愿意做，并持之以恒地做下去，终究会得到想要的结果。

作家罗兰在《罗兰小语》中写了一句至理名言："唯有埋头，乃能出头。"她还说："急于出头的，除了自寻烦恼之外，不会真正得到什么。就像一粒种子，它长大，就必须先经过在泥土中苦苦挣扎的过程，如果不堪忍受被埋没的苦闷的话，暴露在空气中一段很短的时间之后，就会永远地完了。"

古希腊的大哲学家苏格拉底，在开学的第一天对他的学生说："今天咱们只学一件你们认为最简单、最容易的事儿。每人把胳膊都尽量往前甩，然后再尽力往后甩。"说着，苏格拉底在讲台上示范了一遍。苏格拉底接着说："从今天开始，每人每天做300下，大家能做到吗？"学生们都觉得这是一个极其简单的事呀，因此他们淡然一笑。

一个月过去了，苏格拉底问："在这30天内有哪些同学坚持了，请举手？"

这时有90%的同学骄傲地高高举起了手。又过了一个月，苏格拉底又问，这回，坚持甩手的学生只剩下八成。一年以后，很多人早已经忘掉了这回事。苏格拉底再一次问同学们："请大家告诉我，最初最简单的甩手运动，还有哪几位同学一直在坚持？"这时，整个教室里一片寂静，只有一位名叫柏拉图的学生举起了手。后来，柏拉图成为古希腊另外一位大哲学家。

波斯作家萨迪在《蔷薇园》中写道："事业常常成于坚持，而毁于急躁。我在沙漠中曾经亲眼所见，匆忙的旅人最终落在了从容者的后面，疾驰的骏马最后落后，缓步的骆驼却能不断地前进。"可见，坚持对于一个人能否成就一番事业是极其重要的。

古今中外，多少名人志士都是我们最好的典范。他们正是经过了一遍一遍地努力，持之以恒地学习，才成就了成功的人生！持之以恒是一种难能可贵的品质。如果我们确定了自己的正确目标，那就请百折不挠地坚持下去吧，只要我们有一颗执著坚定的心，成功永远等着我们！

坚持下去，希望在自己手里

莎士比亚说："黑夜无论怎样悠长，白昼总会到来。"所以，我们要成熟起来，强大起来，磨炼我们意志的首先就是一次次的跌倒、一次次的失败，重新振作、抖擞精神是我们面对失败强大起来的首要选择。当你到达美丽的顶峰时，你会觉得一次次的失败是你一路走来最深邃的风景。

如果你现在正身处逆境，正在为一次次的失败而灰心丧气，那么就从现在开始，重新鼓起勇气与信心，以实际行动去创造希望的曙光。

我们每个人都可以化失败为胜利。如果你想成为一位成功人士的话，那么就从挫折中吸取教训，始终保持着希望，继续坚持下去，到达成功的路虽坎坷，然而你已积聚了多于其他人的能量。

曾经，有两个探险者迷失在茫茫的大戈壁滩上，他们因为长时间缺水，嘴唇裂开了一道道的血口，如果继续缺水，两个人只能活活渴死。一个年长一些的探险者从同伴手中拿过空水壶，郑重地说："我去找水，你在这里等着我。"接着，他又从行囊中拿出一支手枪递给同伴说："这里有六颗子弹，每隔两个小时你就放一枪，这样当我找到水后就不会迷失方向，就可以循着枪声找到你，千万要记住了！"

看着同伴点了头，他才信心十足地蹒跚而去……

等待是漫长而痛苦的，尤其是对于这个还很年轻的人来说，因为他不

第七章
想成功，就再坚持一分钟

知道自己的同伴能否找得到水，也不知道找到水的同伴能否找得到他。

时间在悄悄地过去，每鸣放一枪，探险者心中的弦就好像断掉了一根。

10个小时过去了，枪膛里已经仅剩下最后一颗子弹，还是未见到找水的同伴的踪影。

他一定被风沙淹没了，或者找到水后撇下我一个人走了……年轻的探险者绝望地想着，数着分，数着秒，焦急地等待着。口渴和恐惧伴随着绝望潮水般充满了他的脑海，他似乎嗅到了死亡的气息，感到死神正面目狰狞地向他紧逼而来……

终于，他扣动扳机，将最后一颗子弹射出。只不过，这一次他不是射向天空，而是射向他自己的脑袋。

结果，当年长的探险者带着满满的两大壶水循声赶来的时候，看到的是同伴的尸体。

事情往往都是这样，就是在最接近成功边缘的时候，我们的身体也接近了极限，信念也承受着最后的考验。很多人在这最后的时刻没有坚持住，跌倒在了成功的门前，从而让自己的人生变得遗憾重重。年轻的探险者是不幸的，因为在面对挫折时，他放弃的不仅是走出沙漠的机会，还有自己宝贵的生命。

黄玲小时候家里很穷，兄弟姐妹总共八个，父母把她们养大都已经很不容易，更别提上学了。黄玲小学没有读完，因为经济的原因被迫休学了。

黄玲从小就是个十分要强的人，虽然她学历低，但不怕吃苦，不畏困难，有自己的想法，16岁就从老家出来到北京打工。黄玲最初来北京是给别人做保姆，虽然工作没有贵贱之分，但保姆这个工作毕竟受人限制，没有自由，并且收入太低。

黄玲想改变目前的现状，一次去市场买衣服给了黄玲灵感，她认为自己包一个摊位，可以试着做服装生意。黄玲做了三年的保姆之后，积攒了一笔钱，就辞职卖起了服装。最初的时候，因为没入行，所以生意不是很好，货物积压了，有时候可能还赔本。初做这个生意，同行还欺生，经常还会发生些小矛盾。但面对这些方方面面的困难，黄玲没有后退，两年后，黄玲最终凭着自己的勤劳与不畏困难的精神，成了同行中的佼佼者，每个月都有上万元的纯收入，在服装行业成了同行羡慕的对象。

五年后，黄玲的服装生意做得越来越红火，资金积累得越来越多。黄玲的心又开始动了，她想开一个小型的服装加工厂，自己的摊位还卖着服装，如果自己生产的服装直接拿到自己的摊位来卖，或者办大了卖给这些像自己一样的批发商，收入会比只卖服装要高出很多。

黄玲把这个想法跟同行们说，同行们个个都表示不理解，说她现在生意做得如此好，如果现在生产服装，怕是两者都顾不过来，再说生产服装需要投入很大的资金，原料也不知道如何进，技术工人也需要招聘，还需要会管理……这所有的一切即便都了解，也不一定能成功，不应该去冒这个险；黄玲的父母听说女儿有此想法，也苦口婆心地劝慰她："娃啊，现在你卖服装做得如此好，在咱们家这边所有的打工者中，也是挣钱最多的一个，为什么非要再办一个服装加工厂？万一没办成，钱都搭了进去，别人还笑话你。"

黄玲明白同行们的好心，也知道父母是为自己着想，同时更了解办服装加工厂的种种意想不到的困难。但是，黄玲没有改变自己的打算，她想不应该办不成，因为自己虽然不太懂，但也知道行内的一些情况，即便万一投资失败，自己还可以重来一次。

于是，黄玲不顾众人的劝阻，勇敢地办起了自己的服装加工厂。办服装加工厂说说很容易，其实各方面都存在着很大的困难，黄玲在真正去做时也体验到了。资金虽然有，但有时候却周转不过来，就需要顶着亲戚朋友不信任的眼光去借；技术方面经常不达标，或者式样不够新颖，因此销路不好；有些员工消极怠工，还需要想方设法激励……

黄玲虽然坚强，但面对如此大、如此多的困难，自己一个人顶着，有时候真感觉支撑不住，因此背地偷偷地流了很多次眼泪，但黄玲没有放弃。

黄玲去解决一个个难题，慢慢地克服了存在的一切困难，她的服装加工厂开始一步步走向正轨，由不盈利到赚钱、到赚大钱。她的摊位，开始时还去外面进衣服，后来都是直接从自己的服装加工厂拿来去卖，而且销量一直飙升。

黄玲成功了，因为她的不畏困难、不怕失败、大不了重来的勇气。这样的人不多，但大多都能最终获得成功。在这些人成功之时，那些优柔寡断之人，还在那里考虑着要不要迎难而上，这样做是不是划算，没有作为地耗费着自己的生命。

拿破仑·希尔说过：千万不要把失败的责任推给你的命运，要仔细研究失败的实例。如果你失败了，那么继续学习吧。可能是你的修养或火候还不够的缘故。你要知道，世界上无数人，一辈子浑浑噩噩，碌碌无为。他们对自己一直平庸的解释不外是"运气不好""命运坎坷""好运未到"。这些人仍然像小孩那样幼稚与不成熟；他们只想得到别人的同情，简直没有一点主见。由于他们一直想不通这一点，才一直找不到使他们变得更伟大、更坚强的机会。

疯狂英语的创始人李阳常说："中国的希望，是中国人有勇气捏碎了自己，重新来锻造！"在失败后还能坚持自己的追求，这才是一个高情商人的行为标准。我们在追求成功时，难免会遇到挫折和困难，这就要求我们要坚持下去，因为希望永远在我们自己的手里！

成功不会抛弃选择坚持的人

"水滴石穿,绳锯木断",只有坚持不懈地向着一个目标努力,最终才能够取得辉煌的成绩,享受成功的喜悦。成就大事需要坚持,点滴小事看似无足轻重,但也离不开坚持。只要你坚持了下去,成功也一定不会抛弃你的。

水是世上最柔软的东西,却能够在坚硬的石头上留下痕迹,不仅是因为水滴积年累月连续不断地滴,更重要的是,这些水滴都是坚持滴在一个地方,"石穿"是水滴连续不断滴于一点的结果。如果不是这样,恐怕柔弱的水滴永远都不可能穿石。同样,我们在为远大的理想而奋斗的过程中,也要有一个明确的目标,决不能见异思迁。

曾国藩曾告诫他的弟弟:"用功譬若掘井,与其多掘数井而皆不及泉,何若老守一井,力求及泉而用之不竭乎?"我们身边常常有这样的人,缺乏扎扎实实的办事作风,浅尝辄止,不肯坚持下去,结果只能是一事无成。

任何伟大的事业,成于坚持不懈,毁于半途而废。成功是没有捷径的,只要认准一个方向,你就收起所有的心思,一直往前走,不要回头,也不要左顾右盼,大胆地相信你自己,你一定会走到目的地。巴斯德有句名言:"告诉你使我达到目标的奥秘吧,我唯一的力量就是我的坚持精神。"

第七章
想成功，就再坚持一分钟

商纣王时期，昏君当道，很多有识之士冤死在狱中。

有一天，又有两个囚犯被关进了地牢里，他们是一对父子，据说是周武王的臣下。

儿子和很多囚犯一样，一进牢房就完全绝望了。进了这里，就等于下了地狱，以往被关进来的犯人是没有哪个能活着走出去的。

父亲安慰儿子不要灰心，总会有办法的，一定还有希望的。

有一天，父亲半夜被冻醒，隐隐约约听到有水流的声音。仔细一听，确实是水流的声音。白天之所以听不见是因为白天过于吵闹。这个重大的发现让父亲暗自窃喜，更让他震惊的是，就是在他们这间牢房下发出的水声。所以，如果从牢房的泥墙一直往外面打洞，就有机会逃出地牢。父亲按捺不住心中的喜悦，就把儿子叫醒，告诉了儿子这个惊人的发现。

儿子摇头道："这怎么可能呢！现在我们什么都没有，到处都有狱卒在查房，成功的几率差不多等于零。"

父亲鼓励儿子说："没有什么不可能的！与其坐在这里等死，还不如为自己争取一线生机。我们每天挖开一点，总有一天会挖出一个暗道出来。"

见父亲如此坚决，儿子就依了父亲。

于是父子俩就在放风的时刻寻找一切可以用来挖土的工具。他们找来锋利的石头和木棍，更幸运的是还找到一根半截的长矛，从而增添了他们逃出去的信心和勇气。父亲还谎称有画画的习惯，向狱卒要来了笔和纸，画了一幅画，贴在洞口上以作掩饰。

白天，父子俩和其他的囚犯一样规规矩矩待在囚房里。晚上，他们就开始了秘密行动。这个计划太危险了，父子俩轮流行动，在一个人挖墙的时候，另一个人故意弄出很响的呼噜声作掩护。就这样，过了好几年，有时候，儿子都要坚持不住了，父亲总会鼓励他，为他描绘外面的美好生活。

10年后，父子俩终于打通了暗道，在一个风雨交加的夜晚，父子俩成功地逃出了地牢。

之后，武王特地大摆宴席接待了这对父子。一年后，武王伐纣，父子俩立下了汗马功劳。

十年如一日，这的确不是常人所能忍受的，但是"世上无难事，只怕有心人"，这句话在这对顽强的父子身上得到了最好的验证。

坚持不懈是事业成功的阶梯。坚持到极致，哪怕没有结果，也堪为壮美。坚持是一种信念，但这种信念未必就一定有非常令人欣喜的结果。当坚持化为一种伦理意义上的情愫，那么它的价值绝不是用结果可以考量的，这是人性壮美的表现形式，是人间至爱的牵动人心的境界。坚持意味着绝不气馁，只有不气馁，坚持才可获得取之不竭的能量。

人都希望自己能成功，许多人也曾为此付出过艰辛的努力，但最后常常只有少数人取得了成功，大多数人被挡在了成功的门外。于是有些人在付出艰辛努力而换来的仅仅是失败之后，开始自暴自弃，认为自己与成功无缘，其实他们却不明白成功往往就在下一个路口等候。要知道，成功的机会非常少，而竞争的人非常多，这必然会造成少部分人成功地占有了机会，而大多数人成了陪衬。但这并不意味着你真的失败了，也不代表你以前的努力全部打了水漂，其实只要你坚持下去，等下一个机会来临的时候，你就可能会顺利地踏上成功的列车。并不是每次努力你都能获得回报，如果你放弃了，那你以前所有的努力都将打了水漂，而如果你再往前坚持下去，你可能就会在下一个路口与成功相遇。

一位资产过亿元的成功企业家在深圳举行了一次精彩演讲，在自由提问时，一位打工者问道："我曾经进行过多次创业，可是没有一次成功。最近跳槽换个好工作，参加了好几个大型招聘会，也没有获得一次签约机会。请问我什么时候才能成功，怎样才能成功？"这位企业家并没有正面回答，而是讲述了一段自己登山的经历：他有一次攀登了海拔8848米高的珠穆朗玛峰，由于登山经验不足，加上高原反应很强烈，没有控制好呼吸，氧气消耗得很快。当他爬到8300米左右的高度时，突然发现有些胸闷，原来氧气已经不多了。这时，摆在他面前的只有两个选择：一个是一边往下撤，一边向半山腰的营地求救，生命应该没有危险，但登顶的机会就只能留到下一次了；另一种选择是，先登上顶峰再说，放手一搏。不肯轻易认输的他选择了后者。

当他爬到8400米的位置上时，发现路边扔了很多废氧气瓶，他逐个捡起来掂量。在8430米左右的一个路口，他捡到了一个盛有半瓶氧气的氧气瓶。靠着这半瓶氧气，他登上了顶峰，并安全撤回了营地。

有的人为了跨入成功的大门，曾一路披荆斩棘，为之付出了艰辛的努力，然而关键时候，因为一个致命难题将自己带入困境，或者因为一两次失败，经受不起打击而绝望地放弃。其实，当你感到绝望的时候，你已经徘徊在了成功的门外，再往前迈进一步，你就跨入了成功的大门。并不是每次努力都能转化成成功，它是努力的一个不断累积过程，就像烧水一样，烧到99℃水依然不会开，如果再坚持烧的话，水到100℃自然就开了。成功就是这样，它一定要努力积累到一定的程度，才能从量变转化成质变，这好比你向湖水中扔了一颗石子，石子会立刻沉入水底，只是在湖面上激起一圈一圈细小的波纹，然后就什么也没有了。如果你持续不断地向湖中扔石子，时间长了，石子就会在湖底堆集起来，直到石子露出湖面。不要抱怨自己失败太多，挫折太多，要知道它们都是成功的基石。

每一个成功的人都知道，取得成功并不是一个简单的过程，它需要你用无比坚强的意志，不断地挑战人生，坚持到底，才能采摘到胜利的果实。世界上最容易的事是坚持，因为它看上去只是简单的重复；而最难的也是坚持，因为它需要恒心和毅力。只要你坚持下去，成功早晚会是你的！

成功的
世界里，
眼泪不会说谎

耐心追逐，才能品尝成功之果

　　荀子说："骐骥一跃，不能十步，驽马十驾，功在不舍。"骏马虽然跑得很快，但是它跳一下，最多也不过在十步之内；相反，一匹劣质的马虽然不如骏马跑得快，但是如果它能坚持不懈地拉车走十天，同样可以走很远。世界上没有什么事是做不了的，没有什么困难是不能克服的。若战胜了困难，就会使自己的人生向前迈一大步。若被困难吓倒了，退缩了，将终生一无所成。

　　拳王阿里四年未登拳台，他的体重超过了正常体重20多磅，速度和耐力也大不如前，医生给他的运动生涯宣布了"死刑"。然而，阿里坚信"精神才是拳击比赛的支柱。"他凭着顽强的毅力重返拳台。

　　33岁的阿里与另一拳坛猛将弗雷泽进行第三次较量，前两次他们一胜一负，这是最关键的一局。在进行到第14回合时，阿里已筋疲力尽，这个时候，似乎一片羽毛落在他身上也能让他轰然倒地。

　　他几乎没有一点力气应对下一个回合了。然而，他拼命坚持着，不肯放弃。他心里清楚，对方与自己一样，比到这时候，与其说是比力气，不如说在比毅力，看谁能坚持得久一些。他知道此时如果在精神上压倒对方，就有胜出的可能。

　　于是他竭力保持着坚毅的表情和誓不低头的气势，这样的表情让对方

第七章
想成功，就再坚持一分钟

不寒而栗，以为阿里还有体力。这时，阿里的教练发现弗雷泽有放弃的意思，便将信息传达给阿里，并鼓励阿里再坚持一下。阿里精神一振，更加顽强地坚持着，果然弗雷泽甘拜下风。

裁判当即高举阿里的臂膀，宣布阿里获胜。这时，保住了拳王称号的阿里还未走到台中央便两眼漆黑，双腿无力地跪在了地上。弗雷泽见此情景，追悔莫及，并为此抱憾终生。从这里，我们看见了阿里的坚持，以及弗雷泽的半途而废的结果，这的确应该引起我们深思。

当我们打算做一件事，却又不能坚持到底的时候，就意味着我们前期的所有努力都浪费了。而且，当这个毛病成为习惯的时候，你可能一辈子什么都做不成。任何事情都不能坚持的人，怎么可能品尝到成功的盛宴呢？

无论做任何事，坚持是起着决定性作用的。许多人常常没有毅力，做事爱半途而废。其实。只要再多花一点力气再坚持一点点时间，那些已经化下大功夫争取的东西就会得到。英国诗人威廉古柏曾说："即使是黑暗的星子，能挨到天明，也会重见曙光。"

1952年7月4日清晨，加利福尼亚海岸笼罩在浓雾中。在海岸以西21英里的卡塔林纳岛上，一个34岁的女人涉水进入太平洋中，开始向加州海岸游去。要是成功了，她就是第一个游过这个海峡的妇女。这名妇女叫费罗伦丝·柯德威克。在此之前，她是从英法两边海岸游过英吉利海峡的第一个妇女。那天早晨，海水冻得她身体发麻，雾很大，她连护送她的船都几乎看不到。时间一个钟头一个钟头过去，千千万万的人在电视上注视着她。在以往这类渡海游泳中她的最大问题不是疲劳，而是刺骨的水温。15个钟头之后，她被冰冷的海水冻得浑身发麻。她知道自己不能再游了，就叫人拉她上船。她的母亲和教练在另一条船上。他们告诉她海岸很近了，叫她不要放弃。但她朝加州海岸望去，除了浓雾什么也看不到。几十分钟之后，人们把她拉上了船，而拉她上船的地点，离加州海岸只有半英里！

当别人告诉她这个事实后，从寒冷中慢慢复苏的她很沮丧，她告诉记者,真正令她半途而废的不是疲劳,也不是寒冷,而是因为在浓雾中看不到目标。柯德威克小姐一生中就只有这一次没有坚持到底。两个月之后,她成功地游过了同一个海峡。她不但是第一位游过卡塔林纳海峡的女性,而且比男子的记录还快了大约两个钟头。

有些时候,也许只是少了那么一点点的坚持,成功就会与你擦肩而过。常言道:坚持就是胜利。人贵有坚持到底的毅力和勇气。请记住:坚持一下,再坚持一下,我们就能走出困境,取得成功。

查尔斯是一家大公司的老板。每年利润就有上千万美元。虽然他的年龄早已经应该退休了,但他依然每天都去工作,哪怕每天只去一个小时。查尔斯虽是公司的董事长,但对人很友善,从不发脾气,看见有人工作没做好,他就会用手拔出含在嘴里的大雪茄,说:"伙计,没关系,别灰心,再坚持一下,准能成功。"说完还拍拍对方的肩膀。他这种做法很得人心,也很受大家的欢迎,以至于公司的员工有几天看不见他,还都会惦记他。

一天,新产品开发部经理向查尔斯汇报:"董事长,真对不起,这次试验又失败了,这已经是第23次了,要不我们放弃吧!"经理眉头紧锁,一副无可奈何的样子。

"年轻人,别着急,坐下。"查尔斯微笑着说,"你遇到难题了吗?有时候事情就是这样,你屡干屡败,眼看没有希望了,但坚持一下,没准就能成功。我们要有不达目的誓不罢休的勇气,你说对吗?"

"董事长,我觉得我已经尽力了,而且,这么长时间光做这个研究,也没精力开展新项目,眼看就年底了,开发部还没有一点成绩,我也觉得过意不去,您看……要不,您是不是换个人。"经理的声音有些沙哑,眼里甚至有着悲哀的神情闪过。

"我让你做这个项目,我就相信你能搞成功。不要泄气,来,我给你讲个故事,然后你再决定是否坚持下去。"查尔斯吸了一口雪茄,缕缕青烟在他脸旁袅袅上升,他眯着眼睛开始讲起来:

第七章
想成功，就再坚持一分钟

"我也是个苦孩子，从小没受过教育，但我不甘心，一直在努力，终于在我31岁那年，发明了一种新型节能灯，这在当时可是个不小的轰动。但我是个穷光蛋，要将其投入到生产中，还需要一大笔资金。我好不容易说服了一位银行家，他答应给我投资。但是，如果这个新型节能灯一投放市场，就会影响其他灯具的销路，所以有人暗中阻挠我成功。

"我那时还年轻，非常自信。可谁也没想到，就在我要与银行家签约的时候，我突然得了胆囊炎，住进了医院，大夫说必须做手术，否则就有生命危险。那些灯厂的人知道我得病的消息就在报纸上大造舆论，说我得的是绝症，骗取他人的钱来治病。如此一来，那位银行家也半信半疑，甚至想放弃投资。更为严重的是，还有一家机构也在加紧研制这种节能灯，如果他们抢在我前头，一切就都完了！当时我躺在病床上万分焦急，没有办法，只能铤而走险，先不做手术，仍如期与那位银行家见面。

"见面的那天，我让医生给我打了镇痛药。开始时，一切正常，我和银行家谈笑风生，但时间一长，药劲过去了，我的肚子跟刀割一样疼，可我咬紧牙关，继续和银行家周旋，希望能说服他下定决心给我投资。我心里只剩下一个念头：再坚持一下，成功与失败就在能不能挺住这一会儿。病痛终于在我强大的意志力下低头了，在银行家面前，我一点破绽也没露，完全取得了他信任，最后我们终于签了约。

"可是，等我将他送上电梯后，电梯门刚一关上，我就扑通一下倒在地上，失去了知觉。幸亏我事先也预约了医生，他们冲过来，用担架将我抬走。后来据医生说，当时我的胆囊已经积脓，相当危险！经历过这件事后，我更明白了坚持对于成功的重要，我就靠着不成功绝不罢休的勇气一步步走到现在。"

查尔斯一口气将故事讲完，微笑地看着经理。

"董事长，您刚才讲的太动人了，从您身上我真的体会到了再坚持一下的精神。我回去重新设计，不成功，誓不罢休！"经理挺着胸，攥着拳，还没等查尔斯问他，就诚恳地说。

缺乏坚持是大多数人最后失败的根源，一切领域中的重大成就无不与坚韧的品质有关。成功更多依赖的是一个人在逆境中的恒心与忍耐力，而不是天赋与才华。

不管做什么事，如果不坚持到底，半途而废，那么再简单的事情也会功亏一篑；相反，只要抱着坚持不懈的精神，再难办的事情也会显得很容易。

所以，每个人都应敢于追逐成功，你会因此而品尝到成功的果实。要想获得成功，就需要以坚持不懈的精神努力拼搏，相信幸运女神终将看到你的努力，助你走向人生的顶峰！

成功从坚定信念开始

如果把人生比之为杠杆,信念则好像是它的"支点",具备这个恰当的支点,才可能成为一个强而有力的人。巨大的成功靠的不是力量而是韧性,当你能用你的信念支撑起所有的挑战时,你就成为了一个无坚不摧的成功者。

所有的成功、财富、健康和信心都开始和结束于你的思想,而你的思想其实是一群信念的组合;信念是经由不断反复的自我确认而产生的。要想改变,一定要先改变自己的信念,尤其是隐藏在自己心中最深层的潜意识里的信念。思想决定行动,行动决定习惯,习惯决定性格,性格决定命运——这是人与人命运不同的关键。成功就是从信念开始的。

明末清初著名史学家谈迁,29岁开始编写《国榷》,经过27年的辛勤笔耕,前后修改六次,写出了长达500万字的初稿。但不幸的是,书稿被人偷走了。多少年的心血付之东流,谈迁悲痛欲绝。但沉重的打击并未动摇他的志向。"书稿丢了,人却还在,只要我还有一口气,还能把书写出来。"他在心里这样鼓励自己。于是擦干泪水,重新握笔写作。尽管年事已高,体弱多病,记忆衰退,行走不便,但倔犟的秉性和执著的信念支撑着他不惜奔波千里搜寻史料,夜以继日,笔耕不辍。又经过九年时间，终于完成了这部巨著。这时，他已是一位白发苍苍的老人了。

前苏联伟大的无产阶级革命家奥斯特洛夫斯基，辛辛苦苦在病榻上完成了长篇小说《暴风雨里的诞生》。但不幸的是，书稿被邮局不负责任的邮差在投递中丢失。奥斯特洛夫斯基闻讯如雷轰顶，几乎晕倒。但不幸终归是不幸，仍然要理智地面对现实。到底是就此罢笔，还是从头写起？奥斯特洛夫斯基毅然选择了后者。又经过两年的呕心沥血，他的名著《钢铁是怎样炼成的》终于问世。

富兰克林当年的电学论文不被科学界认可，皇家学会不但拒绝刊登他的第一篇论文，还嘲笑他的第二篇论文，他只好求助朋友们，设法发表。但他的论点与皇家学院院长的理论相背而驰，招致这位院长的人身攻击。但富兰克林没有惧怕接二连三的挫折，没有放弃自己的科学信念，而是坚持自己的科学理论，更加积极地投身于科学实验中。他冒着生命危险，进行了著名的"风筝攫电"实验，最终证明自己理论的正确性。他的发现打破了从前的谬论，著作也随之被译成德文、拉丁文、意大利文，得到了全欧洲乃至全世界的认可。

失败是个奇怪的东西，让人沮丧，却又给人力量。它仿佛一面镜子，你微笑着看它，它就会还你一个笑容；你对它一筹莫展，它就回你一个无奈。因此，如果我们永远对它微笑，那么收获的便永远都是笑容，最终必将迎来胜利。

知名企业家王永庆先生曾经说过一句话："任何事业，一年得其要领，三年必有所成。"充分表达了坚持对自己、对事业的态度。人生不如意事十之八九，而足以支持我们突破困境的，就是我们对这件事的价值观，换句话说，就是我们的"信念"。

罗杰·罗尔斯是纽约第53任州长，也是美国纽约州历史上的第一位黑人州长。

罗尔斯小时候在很多人眼里却是个很"坏"的孩子。这样的"坏"孩子为什么后来成为一位非常优秀的人士呢？因为罗尔斯很幸运，他遇到了一位叫皮尔·保罗的好校长。是保罗校长的一句称赞的话，彻底改变了罗杰·罗尔斯的命运。

罗杰·罗尔斯出生于一个偷渡者和流浪者的集散地——纽约有名的大沙头贫民窟，这里环境肮脏，充满暴力。在这儿生活的孩子，耳濡目染，从小就养成了很多恶习，如逃学、打架、偷窃，甚至吸毒。罗尔斯也不例外。

1961年，皮尔·保罗被聘为诺必塔小学的董事兼校长。他走进大沙头诺必塔小学的时候，发现这儿的穷孩子无所事事，他们旷课、斗殴，甚至砸烂教室的黑板。

皮尔·保罗用了很多办法来引导他们，劝孩子们回到课堂，劝他们不要打架，劝他们要有理想，但都无济于事。最后他想到了给孩子们看手相，因为他发现这些孩子都非常迷信。于是在他上课时就多了一项内容——给学生们看手相。凡是经他看过手相的学生，都说他们将来是州长、议员或富翁的命。有一天，保罗校长又以看手相为名把罗尔斯叫到自己的办公室。

当罗尔斯走进办公室时，保罗展开他的小手仔细端详了一番，然后很认真地对他说："我一看你修长的小拇指就知道，你将来肯定会是纽约州的州长。"接着，皮尔·保罗又向他讲了当州长必须要具备的条件。

这句话在罗尔斯幼小的心灵里发生了一次大爆炸。因为从小到大，只有他奶奶让他振奋过一次，说他可以成为一艘船的船长。而这次皮尔·保罗先生竟说他可以成为纽约州州长，着实出乎他的意料。他记下了这句话，并且相信了它。

从那天起，"纽约州州长"就像一面旗帜招引着罗杰·罗尔斯。他的衣服从此不再沾满泥巴，说话时也不再带有污言秽语，并且开始挺直腰杆走路，还成了班长。

在以后的四十多年里，他每天都是按照一个州长的规范要求自己。51

岁那年，他真的成了纽约州的州长。

在罗杰·罗尔斯的就职演说上，他说了这样一段话："信念值多少钱？信念是不值钱的，它有时甚至是一个善意的欺骗。然而你一旦坚持下去，它就会迅速升值。在这个世界上，信念这种东西任何人都可以免费获得，所有成功者最初都是从一个小小的信念开始的。"

俄国作家契诃夫曾形象地说："有大狗，也有小狗。小狗不该因为大狗的存在而心慌意乱。所有的狗都应当叫，就让它们各自用自己的声音叫好了。"

真正成功的人生，不在于成就的大小，而在于你是否努力地实现自我，喊出属于自己的声音，走出属于自己的道路。

一个人要有坚定的信念，这是成功的一个必要条件，但是很多人不能做到这一点，所以只能"望洋兴叹"。

卡里和斯泰因曾经打赌，卡里说："我如果送给你一个鸟笼，并且挂在你的房中最显眼的地方，那么，我保证你就会买一只鸟回来。"

斯泰因笑了起来，说："养只鸟是多麻烦的事情啊，我相信我不会去做这样的傻事的。"

于是，卡里就去买了一个鸟笼，并且是一个非常漂亮的鸟笼，让斯泰因挂在自己房中最显眼的房间，人们看了就会忍不住问他："斯泰因，你的鸟什么时候死的，为什么死了啊？"

斯泰因回答道："我从来没有养过鸟。"

"那么，你要一个鸟笼干什么啊？况且是如此漂亮的鸟笼。"人们奇怪地看着他，就好像斯泰因有什么问题似的，看得斯泰因自己都觉得自己好像有什么问题了。就这样，来一个人这么说，再来一个人还这么说，斯泰因终于屈服了。

斯泰因最后还是去买了一只鸟，把它放在那个漂亮的鸟笼里，因为他知道，这样比无休止地向大家解释要简单得多。

其实，别人想当然的推论不仅会带给我们生活中的烦恼，而且会对我们的成功产生很大的影响。在你追求成功的道路上，一旦你的意志不够坚定，就很容易被这股来自世俗的力量引入歧途而与成功擦肩而过。

每个人都会有梦想，谁都想一飞冲天，然后站在辉煌的尖端俯瞰芸芸众生。但是，展翅飞翔的前提，是要先拥有自己的信念。有了信念，就像鸟儿有了坚硬的翅膀。通过不懈地努力，坚持自己的信念不动摇，这样才能让你振翅飞翔时更有力量，才能让你最终稳稳地站在成功的巅峰。